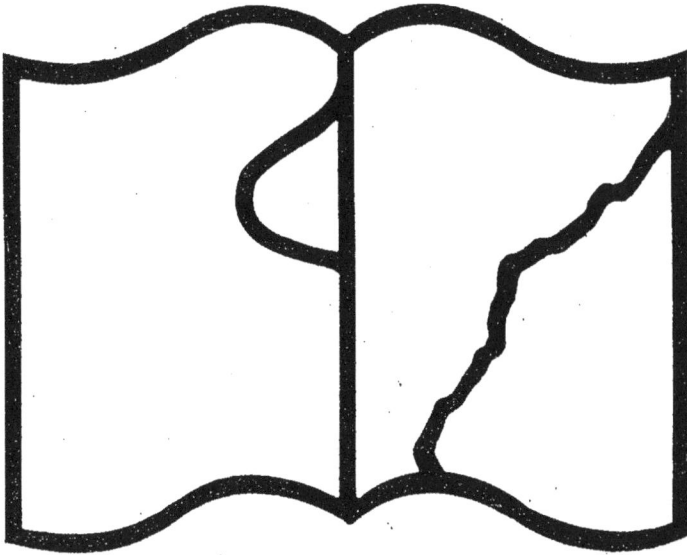

Texte détérioré — reliure défectueuse

NF Z 43-120-11

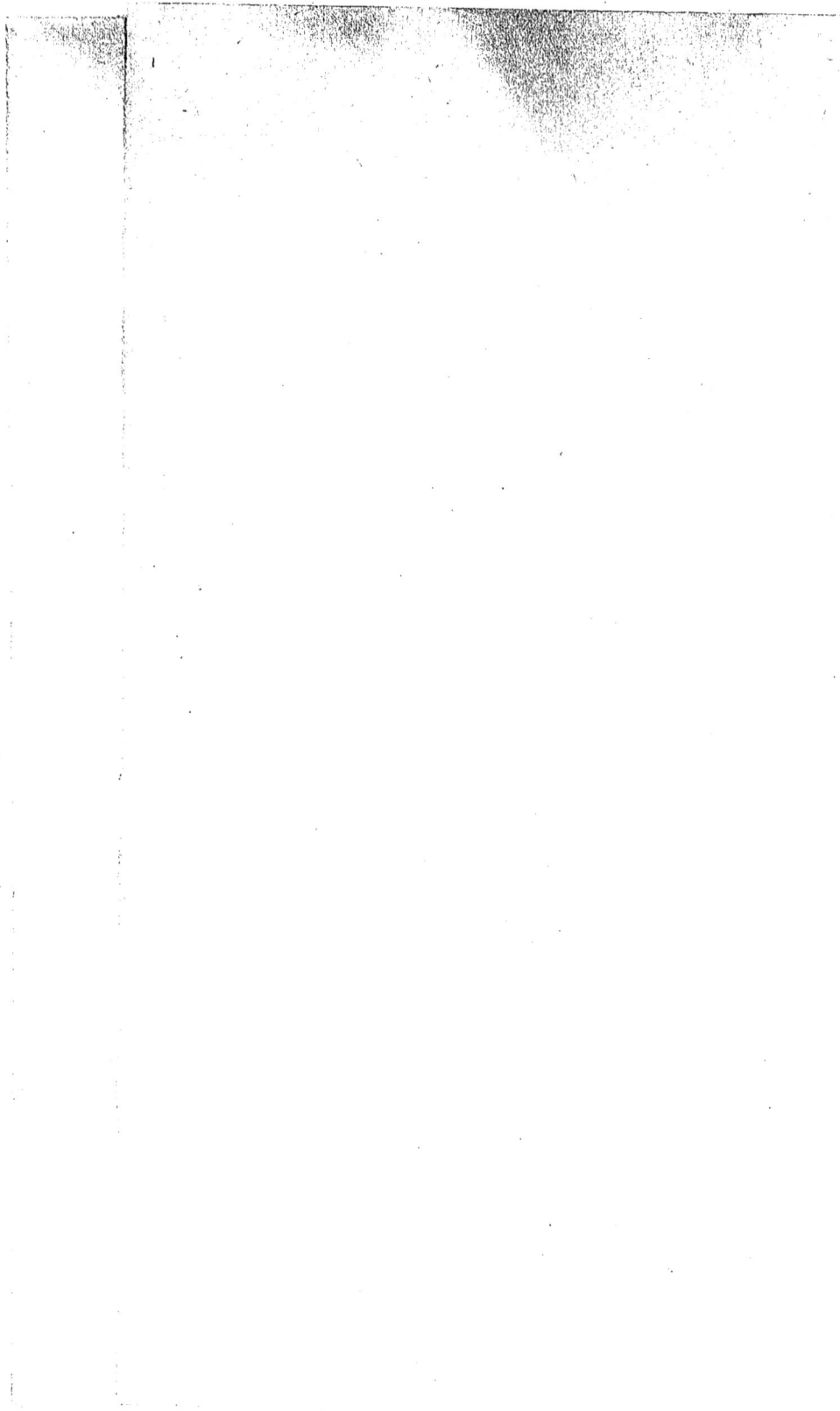

RECHERCHES EXPÉRIMENTALES

SUR LA

LIMITE DE LA VITESSE QUE PREND UN GAZ

QUAND IL PASSE

D'UNE PRESSION A UNE AUTRE PLUS FAIBLE;

PAR

G.-A. HIRN.

PARIS,

GAUTHIER-VILLARS, IMPRIMEUR-LIBRAIRE

DU BUREAU DES LONGITUDES, DE L'ÉCOLE POLYTECHNIQUE,

SUCCESSEUR DE MALLET-BACHELIER,

55, Quai des Grands-Augustins, 55.

1886

SUR LA

VITESSE-LIMITE D'ÉCOULEMENT DES GAZ.

PARIS. — IMPRIMERIE DE GAUTHIER-VILLARS,

11773   Quai des Augustins, 55.

RECHERCHES EXPÉRIMENTALES

SUR LA

LIMITE DE LA VITESSE QUE PREND UN GAZ

QUAND IL PASSE

D'UNE PRESSION A UNE AUTRE PLUS FAIBLE;

PAR

G.-A. HIRN.

PARIS,

GAUTHIER-VILLARS, IMPRIMEUR-LIBRAIRE

DU BUREAU DES LONGITUDES, DE L'ÉCOLE POLYTECHNIQUE,

SUCCESSEUR DE MALLET-BACHELIER,

55, Quai des Grands-Augustins, 55.

—

1886

2/65

Extrait des *Annales de Chimie et de Physique,* 6ᵉ série, t. **VII**;
mars 1886.

TABLE DES MATIÈRES.

VITESSE-LIMITE D'ÉCOULEMENT DES GAZ.

Mon but, dans ces expériences, a été de chercher si un gaz qui, sous une pression constante P_0, s'écoule d'un réservoir dans un autre où sa pression constante aussi est $P_1 < P_0$, prend une vitesse indéfiniment croissante à mesure qu'on réduit P_1, ou s'il existe une vitesse limite qui est atteinte quand on fait $P_1 = 0$.

Bien que la plupart de mes lecteurs connaissent sans doute les diverses équations par lesquelles on a essayé de représenter le mouvement des fluides élastiques ou non élastiques, je dois pourtant rappeler très brièvement, non seulement ces équations en elles-mêmes, mais surtout leur mode de construction. Il me sera ainsi plus facile de montrer l'utilité, je dirais, la nécessité des recherches que je vais décrire.

§ I.

DÉVELOPPEMENT DES ÉQUATIONS GÉNÉRALES.

Pour un fluide non élastique, pour un liquide très peu
compressible, s'écoulant par un orifice de section S d'un
vase où le niveau est tenu constant à une hauteur H au-
dessus du centre de l'orifice, on a les deux équations bien
connues

$$V = (m_0) \sqrt{2gH},$$

$$W = (m_0 m_1 S) \sqrt{2gH}.$$

La première désigne la vitesse de la veine au moment
de l'écoulement par S; la seconde désigne le volume
écoulé par unité de temps. Les deux facteurs (m_0) et (m_1)
sont des nombres jusqu'ici empiriques; le premier est
relatif à la réduction que subit la vitesse V par suite des
chocs, des frottements internes; le second est relatif à la
contraction de la veine fluide, à la diminution que subit

le diamètre de cette veine comparativement à celui de l'orifice réel. Je n'ai pas besoin de dire que, si l'orifice est pratiqué dans la paroi latérale du vase, on doit implicitement supposer que ce diamètre est très petit par rapport à H; s'il en était autrement, il faudrait tenir compte de la hauteur même du liquide dans les diverses parties de l'orifice.

Ces équations peuvent recevoir une forme plus générale, qui nous conduit aisément à celles qui conviennent aux fluides élastiques. Supposons le liquide renfermé dans un vase fermé, où la pression P_0, exprimée par exemple en kilogrammes par mètre carré, soit tenue constante, et supposons que le liquide, au lieu de s'écouler en plein air, passe dans un autre réservoir où la pression P_1 soit maintenue constante aussi. Soit Δ la densité du liquide ou le poids du mètre cube, en kilogrammes. Il vient par cette modification

$$V = (m_0) \sqrt{\frac{2g(P_0 - P_1)}{\Delta}},$$

$$W = (m_0 m_1 S) \sqrt{\frac{2g(P_0 - P_1)}{\Delta}};$$

car on a visiblement

$$\frac{(P_0 - P_1)}{\Delta} = H,$$

H étant la hauteur qu'il faudrait donner au liquide dans un vase vertical, pour obtenir la pression $(P_0 - P_1)$.

On dit généralement que ces deux équations ne peuvent être correctes, puisqu'elles reposent sur une hypothèse qui ne se réalise pas expérimentalement : celle du *parallélisme des tranches*. C'est là pourtant une assertion absolument inexacte ([1]). Dans un vase où le liquide est tenu

---

([1]) Voir : EXPLICATION D'UN PARADOXE APPARENT D'HYDRODYNAMIQUE, par G.-A. HIRN; 1881. Paris, Gauthier-Villars.

à une hauteur constante H, toutes les particules, quelque
chemin qu'elles décrivent au sein de la masse, descendent
en dernière analyse d'une hauteur réelle H ; en désignant
par μ le poids de chacune, on a pour le travail mécanique
qu'elles exécutent réellement

$$\mu H ;$$

et, comme ce travail est dépensé à produire une vitesse V,
on a nécessairement pour la force vive représentée par le
mouvement

$$\mu H = \frac{\mu V^2}{2g},$$

d'où

$$V = \sqrt{2gH}.$$

Il est clair que si le travail μH était employé *en totalité*
à produire la vitesse d'écoulement des particules, cette
égalité serait rigoureuse. Toutefois, le déchet de vitesse
qui a lieu par suite des résistances internes est très petit,
avec des charges modérées, et ne s'élève guère qu'à $1\frac{1}{2}$ pour
100. En ce qui concerne le facteur (m_1) relatif à la contraction de la veine, on peut le faire devenir presque égal à 1,
par une construction convenable des ajutages, en imi-
tant, dans la coupe de ceux-ci, la forme de la veine qui
s'échappe d'un orifice à minces parois. Pour le cas de
l'eau, par exemple, s'écoulant sous des charges variant de
1^m à 10^m, on arrive aisément à obtenir $(m_0 m_1) = 0,985$,
de sorte que l'équation

$$W = (0,985) S \sqrt{2gH}$$

n'est pas, comme on l'entend dire souvent, *théoriquement
inexacte*, d'une part, et empirique d'autre part.

Ces deux équations, à ma connaissance, n'ont point

encore été soumises à des épreuves rigoureuses pour de
très grandes charges. Il est bien probable qu'elles cessent
d'être même approximatives quand la charge est telle
que le liquide est en quelque sorte pulvérisé et désa-
grégé.

Pour étendre ces équations au cas des fluides élastiques,
au cas de l'écoulement des gaz très éloignés de leur point
de liquéfaction, il est nécessaire d'y introduire des modi-
fications notables.

Les équations par lesquelles on a essayé de traduire les
phénomènes de l'écoulement des gaz sont de deux espèces :
1° dans les unes, on ne tient pas compte de ce qui se
passe dans le gaz même, au moment où il tombe de la
pression P_0 à P_1 ; 2° dans les autres plus récentes, on
tient compte du travail de la détente. On verra bientôt
que c'est avec raison que j'insiste sur cette distinction.
Occupons-nous d'abord de la première espèce.

Quand il s'agit d'un liquide, la densité Δ peut être re-
gardée comme sensiblement constante, quelle que soit la
pression P_0 ; ou du moins la variabilité réelle de Δ est tellement petite qu'elle n'intervient que d'une façon insen-
sible dans les résultats dynamiques dus à la différence
$(P_0 - P_1)$. Il n'en est nullement ainsi pour un gaz propre-
ment dit (vapeur très éloignée de son point de saturation).
Quelque petite que soit la différence des deux pressions
P_0, P_1, quand le gaz passe d'un réservoir dans l'autre, le
volume s'accroît par la diminution de pression, et le poids
de l'unité de volume, ou δ, diminue nécessairement.
Pour les gaz qui obéissent (du moins sensiblement) à la
loi de Mariotte et Gay-Lussac, on a, comme on sait,

$$\delta = \Delta \left(\frac{P_1}{P_0} \right) \frac{(1 + at_0)}{(1 + at_1)},$$

t_0, t_1 étant les températures répondant à P_0 et à P_1.

Si nous désignons par Δ_0 la densité du gaz à $0°$ et à $0^m,76 = B$, on a plus simplement encore

$$\delta = \Delta_0 \left(\frac{P_1}{B} \right) \frac{1}{(1 + at_1)}.$$

Il est évident maintenant que c'est cette densité moindre que nous devons introduire dans notre équation de vitesse, puisque c'est à elle que répond la vitesse *maxima* du gaz détendu de P_0 à P_1. Il vient ainsi, pour l'équation de vitesse,

$$V = (m_0) \sqrt{\frac{2g(P_0 - P_1)}{\Delta_0 \left(\frac{P_1}{B} \right) \frac{1}{(1 + at_1)}}} = (m_0) \sqrt{\frac{2g B}{\Delta_0} (1 + at_1) \left[\left(\frac{P_0}{P_1} \right) - 1 \right]}.$$

Pour avoir le volume écoulé répondant, non au *gaz détendu*, mais au gaz à l'état initial, il est clair que nous devons multiplier cette vitesse par la section $(m_1 S)$ et par le rapport $\left(\frac{P_1}{P_0} \right) \frac{(1 + at_0)}{(1 + at_1)}$. Il vient ainsi

$$W = (m_0 m_1 S) \left(\frac{P_1}{P_0} \right) \frac{(1 + at_0)}{(1 + at_1)} \sqrt{2g \left(\frac{B}{\Delta_0} \right) (1 + at_1) \left[\left(\frac{P_0}{P_1} \right) - 1 \right]}.$$

Dans ces deux équations, la valeur de t_1 est pour le moment inconnue ou indéterminée. Sa détermination présente un caractère problématique dans toutes les recherches théoriques ou expérimentales qui touchent aux gaz. — Lorsqu'on admet que, pendant son passage de P_0 à P_1, le gaz ne reçoit ni ne perd de chaleur extérieurement, la température due alors à la seule action de la détente est donnée par l'équation bien connue

$$(1 + at_1) = (1 + at_0) \left(\frac{P_1}{P_0} \right)^{1 - \frac{c_v}{c_p}},$$

ou

$$T_1 = T_0 \left(\frac{P_1}{P_0}\right)^\gamma,$$

c_p désignant la capacité à pression constante et c_v celle à volume constant. — Il vient de la sorte

$$(A) \quad V = (m_0) \sqrt{2g\left(\frac{B_a}{\Delta}\right)(1 + at_0)\left(\frac{P_1}{P_0}\right)^\gamma \left[\left(\frac{P_0}{P_1}\right) - 1\right]},$$

$$(B) \quad W = (m_0 m_1 S)\left(\frac{P_1}{P_0}\right)^{\frac{c_v}{c_p}} \sqrt{\frac{2gB_a}{\Delta}(1 + at_0)\left(\frac{P_0}{P_1}\right)^\gamma \left[\left(\frac{P_0}{P_1}\right) - 1\right]}.$$

Ces équations peuvent encore recevoir une autre forme. On a, en effet,

$$(c_p - c_v) \doteq \frac{B_a}{\Delta E T_a},$$

E désignant l'équivalent mécanique de la chaleur (soit environ 425^{kgm}), et T_a la température absolue à laquelle répond Δ, et qui n'est autre que $T_a = \frac{1}{a}$. Nous tirons de là, toutes réductions faites,

$$(A') \quad V = (m_0)\sqrt{2gE(c_p - c_v)\left(\frac{P_1}{P_0}\right)^\gamma \left[\left(\frac{P_0}{P_1}\right) - 1\right](1 + at_0)}$$

$$(B') \quad W = (m_0 m_1 S)\left(\frac{P_1}{P_0}\right)^{1 - \frac{1}{2}\gamma} \sqrt{2gE(c_p - c_v)\left[\left(\frac{P_0}{P_1}\right) - 1\right](1 + at_0)}.$$

Nous discuterons ces deux équations, en même temps que celles de la seconde espèce, dont nous allons d'abord nous occuper.

L'équation type de cette espèce est due, paraît-il, à Weisbach, dont elle porte le nom. Elle est de la forme

$$(C) \quad V = (m_0)\sqrt{2gEc_p T_0 \left[1 - \left(\frac{P_1}{P_0}\right)^\gamma\right]}.$$

V est la vitesse *maxima* de la veine fluide là où la pression est tombée à P_1, et T_0 la température initiale absolue.

Pour avoir le volume débité, mais mesuré à la pression et à la température initiales, il nous suffit de multiplier le radical par $(m_0 m_1 S)$ et par $\left(\dfrac{P_1}{P_0}\right)^{\frac{c_v}{c_p}}$, d'où il résulte

$$W = (m_0 m_1 S)\left(\frac{P_1}{P_0}\right)^{\frac{c_v}{c_p}} \sqrt{2g\,E\,c_p\,T_0\left[1 - \left(\frac{P_1}{P_0}\right)^{\gamma}\right]},$$

ou bien

(D) $$W = (m_0 m_1 S)\left(\frac{P_1}{P_0}\right)^{\frac{c_v}{c_p}} \sqrt{2g\,E\,c_p\,272{,}85\,(1 + a t_0)\left[1 - \left(\frac{P_1}{P_0}\right)^{\gamma}\right]},$$

en remarquant qu'on a

$$T_0 = (272^\circ,85 + t_0),$$

et en divisant par $272^\circ{,}85$ cette valeur.

Quoique identique toujours au fond, elle a reçu diverses formes et a été démontrée par plusieurs analystes et physiciens célèbres : JOULE, RANKINE, THOMSON, ZEUNER, etc. — On me permettra d'en donner une démonstration, non pas nouvelle, je ne le prétends nullement, mais d'une forme originale, parlant en quelque sorte aux yeux, à laquelle j'ai déjà eu recours dans un autre travail antérieur au sujet d'un théorème sur la vapeur [1].

---

[1] MÉMOIRE SUR LA THERMODYNAMIQUE (*Recherches expérimentales et analytiques sur la dilatation et sur la capacité calorifique de quelques liquides très volatils à des températures élevées*); par G.-A. HIRN. — *Annales de Chimie et de Physique*, t. XI, 4ᵉ série, 1867; et, en tirage à part, chez M. Gauthier-Villars, à Paris.

Concevons (*fig.* 1) deux cylindres de sections S_0 et
$S_1 > S_0$ fermés par le bas, mais mis en communication à volonté à l'aide du tube à robinet *ab*. Dans ces
cylindres se meuvent deux pistons hermétiques, sans frottement, solidaires l'un de l'autre par une roue dentée inter-
médiaire RR et équilibrés entre eux. Le robinet *r* étant

Fig. 1.

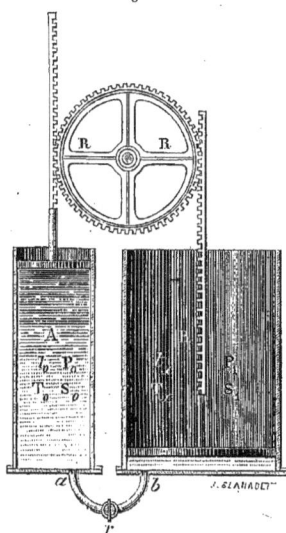

fermé, supposons le cylindre A rempli d'un gaz comprimé
à la pression P_0. Le piston de B étant alors au bas de sa
course (je suppose tous les espaces perdus comme négli-
geables, ou, ce qui est plus réalisable, je suppose ceux de
B remplis à l'avance du même gaz détendu à la pression
P_1), si nous entr'ouvrons le robinet, de telle sorte que le
gaz de A passe peu à peu en B, le piston de A descendra
et celui de B montera précisément autant; par la construction même de l'appareil il n'y aura absolument aucun

travail externe produit. J'ai démontré que, dans ces conditions, et si l'on suppose les parois des cylindres absolument imperméables à la chaleur, on a d'un bout à l'autre de la course des pistons $P_1 = P_0 \left(\dfrac{S_0}{S_1} \right)$,

d'où $\qquad P_1 = P_0 \left(\dfrac{W_0}{W_1} \right)$, et $\qquad P_1 W_1 = P_0 W_0$.

J'ai montré que cette égalité existe non seulement pour un gaz, mais même pour n'importe quelle vapeur saturée, mais sèche; que toutefois, pour la rendre tout à fait correcte, il faut écrire

$$P_1 (W_1 - \Psi) = P_0 (W_0 - \Psi),$$

Ψ étant le volume atomique total, ou le volume *immuable* occupé par la matière qui constitue le gaz ou la vapeur. Cette proposition a cela de particulier, qu'il n'y a nullement à s'occuper de la température initiale et finale du fluide élastique, pourvu qu'il soit admis à l'avance que l'égalité indiquée n'existe que quand toutes les vitesses de translation des particules passant d'un cylindre dans l'autre ont été annulées en frottements et ont donné lieu à la quantité de chaleur que représentait leur force vive.

Cette condition, que j'ai toujours posée implicitement dans mes travaux précédents, est essentielle. Dans le canal *ab* où le gaz prend peu à peu une vitesse croissante jusqu'à celle qui est due à la chute de pression $P_0 \equiv P_1$, et où par conséquent il s'opère une détente, il se produit aussi un refroidissement d'autant plus grand que le rapport de P_0 à P_1 l'est plus. Ce refroidissement disparaîtrait complètement avec un gaz parfait, quand les molécules sont revenues au repos, c'est-à-dire que la température en B serait exactement ce qu'elle est en A. Mais avec les gaz les plus éloignés de leur point de liquéfaction, il n'en est pas ainsi, parce que l'attraction moléculaire n'y est pas absolument nulle et que, par suite de l'écartement des

parties après la détente, il se fait un travail interne défi-
nitif qui coûte une certaine quantité de chaleur. — Le
côté singulier, presque paradoxal, du théorème

$$P_1(W_1 - \Psi) = P_0(W_0 - \Psi),$$

c'est qu'il est valable malgré cet abaissement de température, considérable pour les vapeurs saturées, mais toujours
appréciable même pour les gaz les plus éloignés de leur
point de saturation.

Avec l'appareil que j'ai décrit, et dans les conditions
que j'ai précisées, il n'y aurait rien à conclure quant à la
vitesse maxima du gaz au moment où il passe de A en B.
Mais supposons que les parois de B, au lieu d'être absolument imperméables à la chaleur, soient au contraire de
bons conducteurs, et supposons qu'elles soient tenues précisément à la température *minima* que possède le gaz
quand il a acquis sa plus grande vitesse; température indéterminée d'ailleurs pour le moment et que nous dési-
gnerons par t_x, ou

$$T_x = (272,85 + t_x).$$

Que va-t-il se passer quand nous ouvrirons *partiellement*
le robinet r? — Les particules du gaz qui se précipitent
de A en B, avec une vitesse dont le *maximum* V se trouvera
évidemment à l'étranglement r, perdront peu à peu cette
vitesse en B et tendront à reprendre leur température initiale t_0; mais, comme les parois sont conductrices de la
chaleur et sont tenues à la température t_1, le gaz se refroi-
dira et sa pression, au lieu d'être, comme dans la première
expérience, P_1, deviendra

$$P_x = P_1 \left(\frac{1 + at_x}{1 + at_0} \right) = P_1 \left(\frac{T_x}{T_0} \right),$$

puisque le volume à chaque instant offert est le même que
précédemment. Pour empêcher la pression en A de diminuer, pour la forcer à rester $P_0 = $ const., il faudra donc
charger le piston de A d'un certain poids π, afin de main-

H. 2

tenir l'équilibre réciproque pendant la marche des pistons. Ce poids, ainsi que nos diverses indéterminées, est facile à trouver, si l'on part de la supposition que nous avons déjà faite une fois, à savoir : que le gaz, en traversant le tube de jonction ab, ne reçoit ni ne perd de chaleur extérieurement. — Occupons-nous d'abord de la charge π. Puisque P désigne la pression par unité de surface, la pression totale sur nos pistons sera :

1° En A, $P_0 S_0$;

2° En B, dans un cas $P_1 S_1$ et dans l'autre cas $P_x S_1$.

La différence

$$(P_1 S_1 - P_x S_1)$$

est évidemment la valeur de notre poids à placer sur le piston de A pour maintenir P_0 constant. Mais, puisque T_x (ou $272°,85 + t_x$) est la température que prend le gaz par sa détente et que nous supposons maintenue en B, on a

$$P_x = P_1 \left(\frac{1 + at_x}{1 + at_0} \right) = P_1 \left(\frac{T_x}{T_0} \right) ;$$

D'autre part, pour $t_0 = \text{const.}$, nous avons

$$P_1 S_1 = P_0 S_0.$$

Il vient donc

$$\pi = P_0 S_0 \left[1 - \frac{(1 + at_x)}{(1 + at_0)} \right] = P_0 S_0 \left[1 - \left(\frac{T_x}{T_0} \right) \right].$$

Si nous désignons par H la course totale et égale de part et d'autre des pistons, il est clair que

$$\pi H = P_0 S_0 H \left[1 - \frac{(1 + at_x)}{(1 + at_0)} \right] = P_0 S_0 H \left[1 - \left(\frac{T_x}{T_0} \right) \right]$$

sera la valeur du travail externe exécuté dans ces conditions par le piston de A. Mais HS_0 n'est autre chose que le volume initial de gaz en A ; admettons, pour simplifier, que ce volume soit précisément celui de l'unité de poids, ou le *volume spécifique* du gaz à P_0 et à T_0. Posons en conséquence

$$HS_0 = W_0.$$

Il en résulte

$$\pi H = P_0 W_0 \left[1 - \left(\frac{T_x}{T_0} \right) \right].$$

En désignant par W_a le volume spécifique du gaz à $0°$ ou $T_a = 272°,85$ et à $P_a = 10\,333^{kgr}$, on a, comme on sait,

$$\frac{P_0 W_0}{T_0} = \frac{P_a W_a}{T_a}.$$

On a donc, sous forme tout à fait générale, pour le travail externe dépensé par le piston de A,

$$\pi H = F_e = \left(\frac{P_a W_a}{T_a} \right) T_0 \left[1 - \left(\frac{T_x}{T_0} \right) \right].$$

L'abaissement de température de T_0 à T_x nous est donné par l'équation $\left(\frac{T_x}{T_0} \right) = \left(\frac{P_x}{P_0} \right)^{\frac{c_p - c_v}{c_p}}$, et nous pouvons par suite substituer cette valeur à $\left(\frac{T_x}{T_0} \right)$. Il en résulte

$$F_e = \left(\frac{P_a W_a}{T_a} \right) T_0 \left[1 - \left(\frac{P_x}{P_0} \right)^{1 - \frac{c_v}{c_p}} \right].$$

Le travail que représente la détente du gaz passant de P_0 à P_x a pour expression générale

$$F_i = \int_{W_a}^{W_t} P \, dW = P_0 W_0 \frac{c_v}{(c_p - c_v)} \left[1 - \left(\frac{W_0}{W_x} \right)^{\frac{c_p - c_v}{c_p}} \right]$$

$$= P_0 W_0 \frac{c_v}{(c_p - c_v)} \left[1 - \left(\frac{P_x}{P_0} \right)^{\frac{c_p - c_v}{c_p}} \right];$$

ici aussi, nous pouvons remplacer $P_0 W_0$ par $\left(\frac{P_a W_a}{T_a} \right) T_0$, et il en résulte

$$F_i = \left(\frac{P_a W_a}{T_a} \right) T_0 \frac{c_v}{(c_p - c_v)} \left[1 - \left(\frac{P_x}{P_0} \right)^{1 - \frac{c_v}{c_p}} \right].$$

Il est clair que c'est la somme $(F_e + F_i)$ de travail dépensé qui donne lieu à la somme de force vive $\dfrac{1^{kgm}}{g}$. V^2 que représente la vitesse maxima V du gaz en r, vitesse qui, en s'annulant en frottements, donne ensuite lieu à la chaleur que nous sommes obligés de soustraire aux parois de B pour maintenir la température t_x. Et l'on a, par cette considération,

$$(F_e + F_i) = \frac{V^2}{2g} = \left(\frac{P_a W_a}{T_a} \right) T_0 \frac{c_p}{(c_p - c_v)} \left[1 - \left(\frac{P_x}{P_0} \right)^{1 - \frac{c_v}{c_p}} \right].$$

Le terme $(c_p - c_v)$ peut être remplacé par un autre plus simple. On a en effet

$$\left(c_p - \frac{P_a W_a}{E T_a} \right) = c_v, \quad \text{d'où} \quad E(c_p - c_v) = \frac{P_a W_a}{T_a};$$

en substituant cette valeur dans l'équation de vitesse, elle devient en définitive, comme nous l'avons vu ci-dessus,

$$(C) \qquad V = \sqrt{ 2g E c_p T_0 \left[1 - \left(\frac{P_x}{P_0} \right)^{1 - \frac{c_v}{c_p}} \right] },$$

V étant la vitesse du gaz dû à la chute de la pression P_0 à la pression P_x. J'écrirai désormais P_1 pour celle-ci, puisque c'est toujours la pression qui est donnée, et non pas le volume spécifique, comme nous l'avons admis implicitement par la construction de notre appareil de démonstration. — En multipliant le radical par $(m_0 m_1 S)$ ou par la valeur effective de l'orifice, nous avons le volume de gaz débité par unité de temps et pris à la contre-pression P_1, ainsi qu'à la température T_1 qui répond à la détente $\left(\dfrac{P_1}{P_0} \right)$. Pour ramener ce volume à la densité du gaz, pour avoir le volume de gaz mesuré à la température T_0 et à la pression P_0, il suffit de multiplier par le rapport $\left(\dfrac{P_1}{P_0} \right)$ élevé à la puissance

$\dfrac{c_v}{c_p}$. On arrive ainsi à

$$W = (m_0 m_1 S)\left(\dfrac{P_1}{P_0}\right)^{\frac{c_v}{c_p}}\sqrt{2_g E c_p T_0\left[1-\left(\dfrac{P_1}{P_0}\right)^{1-\frac{c_v}{c_p}}\right]}.$$

Mes lecteurs voudront bien me pardonner les détails minutieux dans lesquels je suis entré, afin de rendre claire et élémentaire la démonstration de l'équation (C). Nous allons voir bientôt que les équations (C), (D), plus encore que (A), (B), reçoivent un démenti formel de l'expérience, et ceci dérive indubitablement de ce que, dans les unes comme dans les autres, il se trouve quelque défaut caché dans les raisonnements sur lesquels elles ont été édifiées. Il m'a donc semblé utile de rendre aussi spécieuse, aussi solide *en apparence* que possible, la démonstration de celles qui semblent les plus rationnelles.

Si nous comparons les deux espèces (A), (B) et (C), (D), nous trouvons entre elles à la fois une ressemblance et une dissemblance capitales.

1° En différentiant (B) et (D), après avoir écrit $\left(\dfrac{P_1}{P_0}\right) = \rho$ et avoir rendu ce rapport ρ variable, nous trouvons, en égalant $\dfrac{dw}{d\rho}$ à zéro,

$$\rho_{(B)} = \dfrac{(1-\gamma)}{(2-\gamma)}$$

et

$$\rho_{(D)} = \left[\dfrac{2(1-\gamma)}{(2-\gamma)}\right]^{\frac{1}{\gamma}}.$$

Il suit de là qu'il devrait exister une valeur de ρ donnant un volume *maximum*, pour une même charge P_0 et une contre-pression P variable.

Les deux équations (B) et (D) donnent $W = 0$ pour $P_1 = 0$.

2° En laissant P_0 constant dans (A) et dans (C), et en faisant diminuer P_1 ou la contre-pression, nous trouvons que, tandis que les vitesses données par (A) vont en croissant continuellement de o jusqu'à ∞ pour des valeurs de P variant de P_0 jusqu'à o, l'équation (C) donne au contraire des vitesses qui convergent vers une limite, atteinte quand $P = $ o, c'est-à-dire quand le gaz se jette dans un espace où la raréfaction est complète (ce qui est d'ailleurs irréalisable, absolument parlant), la vitesse limite est

$$V = \sqrt{2g\,E\,c_p\,T}.$$

Pour l'air atmosphérique, on trouve ainsi, avec les données que j'indiquerai tout à l'heure,

$$V = 735^m.$$

Nous disposons donc maintenant de deux moyens expérimentaux précieux pour juger la validité de nos deux systèmes d'équations.

Existe-t-il un *maximum*, pour le volume d'un gaz s'écoulant d'un réservoir à charge constante dans un autre dont on fait varier à volonté la contre-pression?

Existe-t-il une vitesse limite vers laquelle converge la vitesse d'écoulement, à mesure que la contre-pression diminue?

Telles sont les deux questions auxquelles j'ai cherché à répondre expérimentalement, avec l'exactitude, ou tout au moins avec l'approximation qu'on est aujourd'hui en droit d'attendre.

§ II.

DESCRIPTION DE L'APPAREIL D'EXPÉRIMENTATION.

La *fig.* 1, *Pl. I,* fait comprendre presque sans autre description l'appareil auquel j'ai eu recours.

GGGG, gazomètre de zinc, aussi cylindrique que possible, de $0^{m^2},35235$ de section, servant à mesurer la dépense de gaz par seconde.

CCCC, cadre de bois entourant à la fois le gazomètre, la citerne DDDD, et le bâti sur lequel pose cette citerne. La traverse supérieure CC est fixée solidement à une croix de bois qui pose d'aplomb sur le fond du gazomètre. — La traverse inférieure porte à son milieu un crochet auquel est suspendu un plateau de balance. Par cette disposition, la cloche étant complètement remplie de gaz et le plateau étant chargé convenablement, le centre de gravité est amené assez bas sur l'axe du cylindre pour que tout le système flotte sur l'eau de la citerne sans se pencher, et le gazomètre peut se mouvoir sans aucun frottement. Les deux côtés verticaux du cadre CCCC passent simplement entre deux fourches fixées au bâti, pour éviter que la cloche tourne sur elle-même.

ffff, fil attaché par l'une de ses extrémités au milieu de la traverse CC, passant par-dessus des poulies convenablement placées et portant à l'autre extrémité une règle légère de bois se mouvant verticalement entre des guides. La gorge de la première poulie sur laquelle passe le fil se trouve sur la verticale du point d'attache de ce fil, et c'est de fait lui qui maintient l'axe de la cloche sur une même verticale pendant l'abaissement.

En face de la règle plate est fixé un électro-aimant dont l'armature mobile est munie d'un poinçon de laiton qui peut frapper sur la bande de papier préparée au blanc de zinc qui recouvre la règle. — Le courant intermittent qui traverse la bobine d'induction de l'électro-aimant est réglé par les battements d'un pendule à poids très lourd. — Cette méthode de pointage a été employée maintes fois déjà ; je n'entre donc dans aucun détail. Elle permettait d'obtenir pendant la descente du gazomètre des points séparés par des intervalles de temps parfaitement égaux et de déterminer ainsi exactement la vitesse de marche du gazomètre, disons, le volume écoulé par unité de temps.

RRRR, réservoir hermétique d'environ 250^{lit} de capacité, où l'on raréfiait le gaz aussi complètement qu'il était possible, à l'aide d'une trompe à eau. Ce réservoir était en rapport avec la cuvette UU, à très grande surface, d'un manomètre à mercure dont la branche ascendante de cristal avait $0^m,225$ de diamètre. Sur le mercure de cette colonne posait un flotteur qui, à l'aide d'un fil passant sur une poulie légère, était équilibré avec une règle plate HH, recouverte aussi d'un papier préparé. L'électro-aimant, fixé en face de cette règle, était actionné par le même courant que celui de la règle du gazomètre. Pendant la marche du

mercure du manomètre, on obtenait ainsi des points
frappés exactement en même temps que ceux du pointeur
du gazomètre, et l'on avait la pression correspondant à
chaque position du gazomètre, disons, à chaque volume de
gaz écoulé de GGGG en RRRR. — Pendant qu'on raréfiait,
le gaz, dans ce réservoir, était séparé du gazomètre par
une soupape autoclave de caoutchouc, qu'on pouvait, au
moment voulu, soulever instantanément. — Le gaz sortant
du gazomètre pour arriver au réservoir à raréfaction
traversait quatre cylindres de 1^m de hauteur et de $0^m, 2$ de
diamètre, en communication les uns avec les autres et
remplis de fragments de chaux vive. Il était ainsi presque
absolument desséché.

Entre le réservoir RRRR et la soupape autoclave se
trouvait l'orifice, d'espèce déterminée, que traversait le
gaz en se précipitant dans le vide relatif. A peine ai-je
besoin de dire que la section de cet orifice était toujours
relativement petite par rapport à celle de tous les conduits
partant du gazomètre, de sorte que la perte de vitesse dans
ceux-ci était négligeable. De plus, par la construction
même de l'appareil, on n'avait pas à s'occuper de cette
petite perte. La pression du gaz était, en effet, mesurée à
l'aide d'un manomètre à colonne d'eau, dans la poche
supérieure, très spacieuse, de la soupape autoclave, et non
dans le gazomètre même.

§ III.

CONDUITE DES EXPÉRIENCES.

Toutes les expériences ont été faites sur l'air atmosphérique pris à la pression barométrique (B) augmentée de la charge (h) du gazomètre. — Les orifices soumis à l'expérience sont au nombre de cinq :

1° Deux, à minces parois ($fig.$ 2), percés dans des

Fig. 2.

(Échelle $\frac{1}{4}$.)

plaques de cuivre de $0^m,003$ d'épaisseur, mais amincies en cône très obtus, là où l'orifice était pratiqué, de telle sorte que le cuivre y avait à peine o^m,001 d'épaisseur;

2° Un orifice conique convergent (*fig.* 3), dont la génératrice faisait un angle de 13° avec l'axe;

Fig. 3.

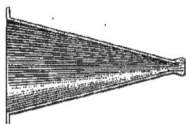

(Échelle ¼.)

3° Un orifice conique convergent aussi (*fig.* 4), mais avec un angle de 9° seulement;

4° Enfin, un orifice cylindrique (de cristal) précédé

Fig. 4.

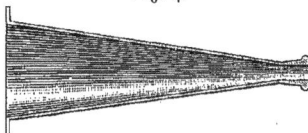

(Échelle ¼.)

d'un cône convergent de fer-blanc de 9° d'ouverture (*fig.* 5).

Fig. 5.

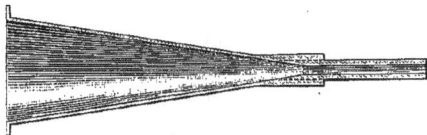

(Echelle ¼.)

Dans tous les cinq cas, la première expérience avait pour objet la détermination pratique de la section effective, autrement dit de $(m_0 m_1 S)$, (m_0) et (m_1) étant implicitement supposés peu variables (ce qui est à discuter).

A cet effet, on enlevait la fermeture d'un orifice de très grande section pratiqué au fond supérieur du réservoir RRRR ; puis, le plateau étant convenablement chargé et le gazomètre rempli d'air, on comptait, avec le pointeur électrique, le temps qu'il fallait à la cloche pour descendre d'une certaine hauteur H sous cette charge, à bien peu près constante et exactement mesurée. Soient S la section du gazomètre, N le nombre de battements du pendule, D la durée d'une oscillation (on avait $D = 1^s,355$), on a pour le volume débité par seconde

$$\frac{H \cdot S}{D \cdot N} = W_b.$$

Ce nombre réclame deux corrections. — D'une part, l'air de la cloche étant à fort peu près saturé de vapeur d'eau et τ étant la tension de la vapeur à la température où se trouvait le gaz, B la pression barométrique et h la charge du gazomètre exprimée en mercure, on a

$$W = W_b \frac{(B + h - \tau)}{(B + h)} ;$$

cette correction réduit un peu le volume d'air sec débité réellement. D'autre part, à mesure que le gazomètre s'abaisse dans la citerne, la charge manométrique diminue un peu par suite du déplacement de l'eau par le volume occupé par le métal ; le niveau du liquide s'élève donc un peu dans l'intérieur de la cloche et le volume débité est un peu plus grand que celui qu'indique le produit H·S. Cette correction est additive, tandis que la précédente est soustractive. Elle nous donne, à fort peu près, $1,00114$, et l'on a, en définitive,

$$W = \frac{H \cdot S}{D \cdot N} \left(\frac{B + h - \tau}{B + h} \right) 1,00114.$$

En admettant que l'une ou l'autre des équations (B) ou (D) soit correcte et en posant

$$W_{(B)} = \frac{H \cdot S}{D \cdot N}\left(\frac{B + h - \tau}{B + h}\right) 1,00114$$

$$= (m_0 m_1 S)\left(\frac{P_1}{P_0}\right)^{\frac{c_v}{c_p}}\sqrt{2\,g\left(\frac{B}{\Delta}\right)(1 + a t_0)\left(\frac{P_1}{P_0}\right)^{1 - \frac{c_v}{c_p}}\left[\left(\frac{P_0}{P_1}\right) - 1\right]},$$

$$W_{(D)} = \frac{H \cdot S}{D \cdot N}\left(\frac{B + h - \tau}{B + h}\right) 1,00114$$

$$= (m_0 m_1 S)\left(\frac{P_1}{P_0}\right)^{\frac{c_v}{c_p}}\sqrt{2\,g\,E\,c_p\,272,85(1 + a t_0)\left[1 - \left(\frac{P_1}{P_0}\right)^{\frac{c_p - c_v}{c_p}}\right]},$$

il est clair que nous pourrons déterminer la valeur de $(m_0 m_1 S)$.

Nous verrons bientôt que, pour de très grandes différences entre P_0 et P_1, le mot *correct* ne peut plus être employé. Il n'en est pas ainsi pour de petites différences. Dans un travail très développé que l'Académie de Belgique m'a fait l'honneur d'insérer dans ses *Mémoires*, et qui vient de paraître ([1]), on peut voir que, pour des charges qui, traduites en colonnes d'eau, ne diffèrent entre elles que de 0^m,5, la charge répondant à P_1 étant la pression barométrique ou environ 10^m,3, l'équation (B) donne des résultats presque identiques à ceux de l'équation de Weisbach, et concordant aussi approximativement qu'on peut le désirer avec ceux de l'expérience. —— C'est, au surplus, ce qu'on va reconnaître par l'exposé des expériences de ce Mémoire lui-même.

([1]) RECHERCHES EXPÉRIMENTALES ET ANALYTIQUES SUR LES LOIS DE L'ÉCOULEMENT ET DU CHOC DES GAZ EN FONCTION DE LA TEMPÉRATURE; *Conséquences physiques et philosophiques qui découlent de ces expériences; suivies des Réflexions générales au sujet des Rapports des MM. les Commissaires examinateurs de ce Mémoire;* présentées à la classe des Sciences de l'*Académie royale de Belgique,* dans sa séance du 11 octobre 1884, et publiées dans ses Mémoires, t. XLVI, 1886. — Ce travail se trouve, tiré à part, à la Librairie Gauthier-Villars, à Paris.

Ayant déterminé les éléments nécessaires pour calculer la valeur de $(m_0 m_1 S)$, on raréfiait aussi bien qu'il était possible l'air du réservoir RRRR, on remplissait le gazomètre, et, après avoir fait marcher le pendule, on ouvrait subitement la soupape autoclave ; quand la cloche était arrivée au bas de sa course, on fermait la soupape pour remplir encore une fois, puis on laissait affluer l'air en RRRR jusqu'à ce que la contre-pression fût devenue égale à celle du gazomètre. — J'entrerai tout à l'heure dans les détails nécessaires, mais je commence d'abord par indiquer la détermination de chaque orifice.

§ IV.

EXPÉRIENCES PRÉLIMINAIRES POUR LA DÉTERMINATION DES ORIFICES EFFECTIFS.

I. — ORIFICE A MINCES PAROIS, DE $0^m,00400$ DE DIAMÈTRE.

Première expérience.

En colonne d'eau

Hauteur du baromètre .... $B_m = 0^m,7545$, $B_c = 10^m,258$,

Charge en excès du gazomètre. $h_m = 0^m,0093$, $h_c = 0^m,127$,

Température du gazomètre.. $t_g = 8°,6$,

Tension correspondante de la vapeur d'eau.............. $\tau = 0^m,0083$,

Abaissement du gazomètre... $H = 0^m,515$,

Durée de l'abaissement...... $N \cdot 1^s,355 = 376 \cdot 1^s,355$
$$= 509^s,48.$$

Avec ces données, nous avons

$$W = \frac{0,515 \cdot 035235}{509,48} \left(\frac{0,7545 + 0,0093 - 0,0083}{0,7545 + 0,0093} \right) \cdot 1,00114$$
$$= 0^{m^3},0003527.$$

Deuxième expérience.

En colonne d'eau.

$$B_m = 0^m,7510, \qquad B_c = 10^m,211,$$
$$h_m = 0^m,0301, \qquad h_c = 0^m,410,$$
$$t_g = 5^o,8,$$
$$\tau = 0^m,0069,$$
$$H = 0^m,476,$$
$$N \cdot 1^s,355 = 200 \cdot 1^s,355$$
$$= 271^s.$$

On tire de là

$$W = \frac{0,476 \cdot 0,35235}{271} \left(\frac{0,7510 + 0,0301 - 0,0069}{0,7510 + 0,0301} \right) \cdot 1,00114$$
$$= 0^{m^3},0061411.$$

Pour introduire les nombres convenables dans nos équations générales (A), (B), (C) et (D), nous avons

$$g = 9^m,80896,$$
$$B_a = 0,76 \cdot 13596 = 10333^{kg},$$
$$\Delta_a = 1,2932,$$
$$c_p = 0,23751,$$
$$c_v = 0,16844,$$
$$E = 425^{kgm} \ (environ),$$
$$\frac{c_v}{c_p} = 0,7092,$$
$$\gamma = 1 - \frac{c_v}{c_p} = 1 - \frac{0,16844}{0,23751} = 0,2908,$$
$$1 - \tfrac{1}{2}\gamma = 0,8546.$$

Avec ces données, nous obtenons, toute réduction faite,

$$V_{(A)} = (m_0) 395,93 \sqrt{(1 + 0,003665\,t)\left(\frac{P_1}{P_0}\right)^{0,2008}\left[\left(\frac{P_0}{P_1}\right) - 1\right]},$$

$$W_{(B)} = (m_0\,m_1\,S)\left(\frac{P_1}{P_0}\right)^{0,8546}\sqrt{(1 + 0,003665\,t)\left[\left(\frac{P_0}{P_1}\right) - 1\right]},$$

$$V_{(C)} = (m_0) 735 \sqrt{(1 + 0,003665\,t)\left[1 - \left(\frac{P_1}{P_0}\right)^{0,2008}\right]};$$

$$W_{(D)} = (m_0\,m_1\,S) 735 \left(\frac{P_1}{P_0}\right)^{0,7092}$$

$$\times \sqrt{(1 + 0,003665\,t)\left[1 - \left(\frac{P_1}{P_0}\right)^{0,2008}\right]}.$$

Si à P_0, P_1 et t_g, nous substituons leurs valeurs

Première expérience.

$$P_0 = 10^m,385,$$
$$P_1 = 10^m,258,$$
$$t_g = 8°,6;$$

Deuxième expérience.

$$P_0 = 10^m,621,$$
$$P_1 = 10^m,211,$$
$$t_g = 5°,8;$$

nous obtenons, tous calculs faits,

Première expérience.

$$W_{(B)} = (m_0\,m_1\,S)\cdot44^m,272,$$
$$W_{(D)} = (m_0\,m_1\,S)\cdot44^m,225;$$

Deuxième expérience.

$$W_{(B)} = (m_0\,m_1\,S)\cdot77^m,523,$$
$$W_{(D)} = (m_0\,m_1\,S)\cdot77^m,065.$$

On voit que, pour la faible charge, les valeurs obtenues diffèrent très peu ; la différence est plus grande avec la forte charge.

Si maintenant nous divisons les valeurs données par

H.   3

l'expérience par les nombres obtenus par le calcul, il vient

Première expérience.

(B) $(m_0 m_1 S) = 0,000007966,$

(D) $(m_0 m_1 S) = 0,000007921;$

Deuxième expérience.

(B) $(m_0 m_1 S) = 0,000007975,$

(D) $(m_0 m_1 S) = 0,000007970.$

L'orifice réel étant

$$S = \pi \left(\frac{0,0040}{2} \right)^2 = 0,00001257,$$

on a, pour les valeurs de $(m_0 m_1)$,

Première expérience.

(B) $(m_0 m_1) = 0,633,$

(D) $(m_0 m_1) = 0,634;$

Deuxième expérience.

(B) $(m_0 m_1) = 0,630,$

(D) $(m_0 m_1) = 0,634.$

On voit que ces valeurs diffèrent, en définitive, peu entre elles et qu'elles répondent aux nombres qu'on a depuis longtemps trouvés pour les gaz et *pour l'eau,* avec les orifices à minces parois circulaires.

II. — ORIFICE A MINCES PAROIS, DE $0^m,00570$ DE DIAMÈTRE.

Première expérience.

$B_m = 0^m,7462,\quad B_c = 10^m,145,$

$h_m = 0^m,0093,\quad h_c = 0,127,$

$t_g = 19°,9.$

$\tau = 0^m,015,$

$H = 0^m,520,$

$N \cdot 1^s,355 = 181 \cdot 1^s,355 = 245^s,26.$

On tire de là

$$W = 0^{m^3},00073305,$$

et

$$W_{(B)} = (m_0 m_1 S)\cdot 45^m,400,$$
$$W_{(D)} = (m_0 m_1 S)\cdot 45^m,349.$$

Deuxième expérience.

$$B_m = 0^m,7459, \quad B_e = 10^m,141,$$
$$h_m = 0,0304, \quad h_e = 0^m,413,$$
$$t_g = 20°,9,$$
$$\tau = 0^m,016,$$
$$H = 0^m,487,$$
$$N\cdot 1^s.355 = 96\cdot 1^s.355$$
$$= 130^s,08.$$

D'où

$$W = 0^{m^3},00129333$$

et

$$W_{(B)} = (m_0 m_1 S)\cdot 80^m,112,$$
$$W_{(D)} = (m_0 m_1 S)\cdot 79^m,642.$$

On a donc

Première expérience.

(B) $(m_0 m_1 S) = 0,00001615,$

(D) $(m_0 m_1 S) = 0,00001616.$

Deuxième expérience.

(B) $(m_0 m_1 S) = 0,00001616,$

(D) $(m_0 m_1 S) = 0,00001624.$

La section étant

$$S = \pi \left(\frac{0,00570}{2}\right)^2 = 0^{m^2},00002552,$$

il vient, pour $(m_0\, m_1)$;

Première expérience.

(B) $(m_0\, m_1) = 0,632,$

(D) $(m_0\, m_1) = 0,633;$

Deuxième expérience.

(B) $(m_0\, m_1) = 0,632,$

(D) $(m_0\, m_1) = 0,636.$

III. — ORIFICE CONICO-CYLINDRIQUE DE 9° D'OUVERTURE ET DE 0^m,00475 DE DIAMÈTRE.

Première expérience.

$$B_m = 0^m,7480, \quad B_e = 10^m,170,$$
$$h_m = 0^m,0093, \quad h_e = 0^m,127,$$
$$t_g = 8°,$$
$$\tau = 0^m,0080,$$
$$H = 0^m,5195,$$
$$N \cdot 1^s,355 = 193 \cdot 1^s,355 = 261^s,50.$$

Avec ces données, nous avons

$$W = 0^{m^3},00069338$$

et

$$W_{(B)} = (m_0\, m_1\, S) \cdot 44^m,415,$$
$$W_{(D)} = (m_0\, m_1\, S) \cdot 44^m,365.$$

Deuxième expérience.

$$B_m = 0^m,7480, \quad B_e = 10^m,170,$$
$$h_m = 0^m,0304, \quad h_e = 0^m,413,$$
$$t_g = 7°,5,$$
$$\tau = 0^m,00775,$$
$$H = 0^m,5088,$$
$$N \cdot 1^s,355 = 103 \cdot 1^s,355 = 139^s,57.$$

On tire de là
$$W = 0^{m^2},00127315$$
et
$$W_{(B)} = (m_0 m_1 S) \cdot 78^m,171,$$
$$W_{(D)} = (m_0 m_1 S) \cdot 77^m,699;$$

ce qui nous donne, pour $(m_0 m_1 S)$,

Première expérience.

(B) $(m_0 m_1 S) = 0,00001561,$
(D) $(m_0 m_1 S) = 0,00001563;$

Deuxième expérience.

(B) $(m_0 m_1 S) = 0,00001629,$
(D) $(m_0 m_1 S) = 0,00001639.$

La section réelle étant
$$S = \pi \left(\frac{0,00475}{2} \right)^2 = 0^{m^2},00001772,$$

nous avons, pour les valeurs de $(m_0 m_1)$,

Première expérience.

(B) $(m_0 m_1) = 0,881,$
(D) $(m_0 m_1) = 0,877;$

Deuxième expérience.

(B) $(m_0 m_1) = 0,919,$
(D) $(m_0 m_1) = 0,925.$

IV. — ORIFICE CONIQUE CONVERGENT DE 13° D'OUVERTURE
ET DE $0^m,004875$ DE DIAMÈTRE.

Première expérience.

$B_m = 0^m,7455,$ $B_e = 10^m,136,$
$h_m = 0^m,0093,$ $h_e = 0^m,127,$
$t_g = 7°,6,$
$\tau = 0^m,0078,$
$H = 0^m,512,$
$N \cdot 1^s,355 = 162 \cdot 1^s,355 = 219^s,51.$

On tire de là

$$W = \frac{0,512 \cdot 0,35235}{219,51}\left(\frac{0,7455 + 0,0093 - 0,0078}{0,7455 + 0,0093}\right) \cdot 1,00114$$
$$= 0^{m3},0008143,$$

et

$$W_{(B)} = (m_0 m_1 S)\left(\frac{10,136}{10,263}\right)^{0,8546} \cdot 395,93$$

$$\times \sqrt{(1 + 0,003665 \cdot 7^\circ,6)\left[\left(\frac{10,263}{10,136}\right) - 1\right]} = (m_0 m_1 S) \cdot 44^m,438,$$

$$W_{(D)} = (m_0 m_1 S)\left(\frac{10,136}{10,263}\right)^{0,7092} \cdot 735$$

$$\times \sqrt{1,02785\left[1 - \left(\frac{10,136}{10,263}\right)^{0,2908}\right]} = (m_0 m_1 S) \cdot 44^m,391.$$

Deuxième expérience.

$$B_m = 0^m,7455, \quad B_c = 10^m,136,$$
$$h_m = 0^m,0304, \quad h_c = 0^m,413,$$
$$t_g = 7^\circ,6,$$
$$\tau = 0^m,0078,$$
$$H = 0^m,4873,$$
$$N \cdot 1^s,355 = 87 \cdot 1^s,355 = 117^s,89.$$

D'où l'on tire

$$W = 0^{m3},0014417$$

et

$$W_{(B)} = (m_0 m_1 S) \cdot 78^m,307,$$
$$W_{(D)} = (m_0 m_1 S) \cdot 79^m,840;$$

ce qui nous donne, pour $(m_0 m_1 S)$,

Première expérience.

(B)　　　　　　$(m_0 m_1 S) = 0,00001833,$

(D)　　　　　　$(m_0 m_1 S) = 0,00001834;$

Deuxième expérience.

(B)　　　　　　$(m_0 m_1 S) = 0,00001841,$

(D)　　　　　　$(m_0 m_1 S) = 0,00001852.$

La section réelle étant

$$S = \pi \left(\frac{0,004875}{2} \right)^2 = 0^{m2},00001867,$$

nous avons, pour les valeurs de $(m_0 \, m_1)$,

Première expérience.

(B) $(m_0 m_1) = 0,982,$
(D) $(m_0 m_1) = 0,982;$

Deuxième expérience.

(B) $(m_0 m_1) = 0,986,$
(D) $(m_0 m_1) = 0,991.$

Ces coefficients, peu différents entre eux, répondent aussi à ceux que d'autres observateurs avaient trouvés pour les gaz et pour l'eau.

V. — Orifice conique convergent de 9° d'ouverture et de 0ᵐ,00795 de diamètre.

Première expérience.

$B_m = 0^m,7355, \quad B_c = 10^m,000,$
$h_m = 0^m,0092, \quad h_c = 0^m,1257,$
$t_g = 11°,4,$
$\tau = 0^m,010,$
$H = 0^m,502,$
$N \cdot 1^s,355 = 60 \cdot 1^s,355 = 81^s,30.$

On tire de là

$$W = 0^{m3},00214872,$$

et

$$W_{(B)} = (m_0 \, m_1 \, S) \cdot 44^m,827,$$
$$W_{(D)} = (m_0 \, m_1 \, S) \cdot 44^m,786.$$

Deuxième expérience.

$$B_m = 0^m,7355, \quad B_c = 10^m,000,$$
$$h_m = 0^m,0299, \quad h_c = 0^m,4066,$$
$$t_g = 11°,$$
$$\tau = 0^m,0098,$$
$$H = 0^m,491,$$
$$N \cdot 1^s,355 = 33 \cdot 1^s,355 = 44^s,72.$$

D'où l'on tire

$$W = 0^{ui^3},00382342$$

et

$$W_{(B)} = (m_0 m_1 S) \cdot 78^m,703,$$
$$W_{(D)} = (m_0 m_1 S) \cdot 78^m,230,$$

ce qui donne, pour $(m_0 m_1 S)$,

Première expérience,

(B) $(m_0 m_1 S) = 0,00004793,$

(D) $(m_0 m_1 S) = 0,00004798;$

Deuxième expérience.

(B) $(m_0 m_1 S) = 0,00004858,$

(D) $(m_0 m_1 S) = 0,00004887.$

La section réelle étant

$$S = \pi \left(\frac{0,00795}{2}\right)^2 = 0^{m^2},00004964,$$

nous avons, pour les valeurs de $(m_0 m_1)$,

Première expérience.

(B) $(m_0 m_1) = 0,966,$

(D) $(m_0 m_1) = 0,967;$

Deuxième expérience.

(B) $(m_0 m_1) = 0,980,$

(D) $(m_0 m_1) = 0,985.$

§ V.

EXPOSÉ DES EXPÉRIENCES FAITES AVEC LES CINQ ORIFICES
QUI VIENNENT D'ÊTRE DÉTERMINÉS ET DISCUSSION DES
RÉSULTATS.

Le Tableau suivant, dont les en-têtes des colonnes indiquent clairement la construction, donne les volumes successifs d'air sec qui, en un temps constant de $2^s,71$, passent du gazomètre GGGG, où la pression est constante et égale à $(B_e + h_e)$, dans le réservoir RRRR, où la pression, d'abord aussi faible qu'on pouvait l'obtenir à l'aide de la trompe à eau, va en croissant successivement, comme l'indique la colonne P_1, jusqu'à être égale à

$$P_1 = (B_e + h_e) = P_0.$$

Je n'ai pas besoin de dire que l'expérience a été répétée plusieurs fois sur chaque orifice, afin qu'on pût être sûr qu'aucun trouble fortuit n'était intervenu; j'ajoute que les différences entre les expériences faites dans les mêmes conditions étaient en quelque sorte inappréciables.

ORIFICE A MINCES PAROIS de a^x, section réelle.		ORIFICE A MINCES PAROIS de a^x, section réelle.		ORIFICE CONICO-CYLINDRIQUE de a^x, section réelle (ouverture g^x).	
$(m_1, m;\delta)=r,000091,$ $P_2=(B_1+A_1)=10^{10},mw,$ $P_3=B+r,00010\,P_0.$		$(m_1, m;\delta)=r,000015,$ $P_2=(B_1+A_2)=10^{10},A_10,$ $P_3=B+r,00050\,P_0.$		$(m_1, m;\delta)=r,00001,$ $P_2=(B_1+A_2)=10^{10},A_1/r,$ $P_3=B+r,00010\,P_0.$	
$\delta W=S_g\left(\dfrac{B+A-\tau}{B+A}\right)r,00112\,\delta H$ = volume en $v^x,v_1,$ $t_g=v^x,v_1.$		$\delta W=S_g\left(\dfrac{B+A-\tau}{B+A}\right)r,00112\,\delta H$ = volume en $v^x,v_1,$ $t_g=v^x,v_1.$		$\delta W=S_g\left(\dfrac{B+A-\tau}{B+A}\right)r,00112\,\delta H$ = volume en $v^x,v_1,$ $t_g=v^x,v_1.$	
(1)	(2)	(3)	(4)	(5)	(6)
$\delta W.$	$P_1.$	$\delta W.$	$P_1.$	$\delta W.$	$P_1.$
m^3	m	m^3	m	m^3	m
0	0,1350	0	0,1350	0	0,1350
0,005615	0,1350	0,011567	0,5031	0,009959	0,3086
0,005615	0,2984			0,009959	0,4222
0,005615	0,6076	0,011567	1,0032	0,009919	0,7725
0,005615	0,9377			0,009919	1,1893
0,005615	1,1897	0,011567	1,5839	0,009919	1,5676
0,005615	1,4760			0,009919	1,6687
0,005615	1,6631	0,011567	2,0979	0,009949	2,3607
0,005615	1,6171			0,009949	2,7253
0,005615	2,1794	0,011718	2,6781	0,009959	3,1461
0,005615	2,4001			0,008981	3,5336
0,005615	2,6080	0,011183	3,0958	0,008981	3,9143
0,005516	2,8982			0,008981	4,2984
0,005566	3,1271	0,011008	3,5118	0,008911	4,6889
0,005551	3,3528			0,008911	5,0400
0,005516	3,5285	0,010928	3,8989	0,008911	5,4685
0,005681	3,7898			0,008863	5,7709
0,005446	4,0217	0,010809	4,3385	0,008702	6,1413
0,005324	4,2392			0,008691	6,5016
0,005251	4,4640	0,010834	4,7477	0,008387	6,8598
0,005272	4,8512			0,008037	7,2858
0,005237	5,0751	0,010411	5,2195	0,007792	7,6832
0,005197	5,2684			0,007613	8,0210
0,005069	5,4887	0,009995	5,6073	0,007706	8,3330
0,005027	5,6886			0,006659	8,6029
0,005027	5,8816	0,009510	6,0161	0,006450	8,8922
0,005833	6,0733			0,005861	9,1106
0,004768	6,2800	0,009400	6,4459	0,005507	9,3601
0,004713	6,4527			0,004982	9,5505
0,004601	6,6348	0,009136	6,8497	0,004890	9,5300
0,004503	6,8127			0,003399	9,8725
0,004504	6,9914	0,008911	7,2222	0,003508	9,9985
0,004364	7,1965			0,002359	10,0993
0,004294	7,3350	0,008583	7,5644	0,001677	10,1859
0,004815	7,5023			0,001348	10,2024
0,004613	7,6073	0,007968	7,8903	0,001018	10,2310
0,005875	7,8156			0,000709	10,3500
0,008750	7,9700	0,007514	8,1929	0,000520	10,3700

ORIFICE CONIQUE CONVERGENT de a^x, section réelle (ouverture A^x).		ORIFICE CONIQUE CONVERGENT de a^x, section réelle.		ORIFICE CONIQUE CONVERGENT de a^x, section réelle (ouverture g^x).	
$(m_1, m;\delta)=r,000010A,$ $P_2=(B_1+A_2)=10^{10},611,$ $P_3=B+r,00013\,P_0.$		$(m_1, m;\delta)=r,000011,$ $P_2=(B_1+A_2)=10^{10},115,$ $P_3=B+r,00011\,P_0.$		$(m_1, m;\delta)=r,000017,$ $P_2=(B_1+A_2)=10^{10},190,$ $P_3=B+r,00013\,P_0.$	
$\delta W=S_g\left(\dfrac{B+A-\tau}{B+A}\right)r,00112\,\delta H$ = volume en $v^x,v_1,$ $t_g=v^x,v_1.$		$\delta W=S_g\left(\dfrac{B+A-\tau}{B+A}\right)r,00110\,\delta H$ = volume en $v^x,v_1,$ $t_g=v^x,v_1.$		$\delta W=S_g\left(\dfrac{B+A-\tau}{B+A}\right)r,00114\,\delta H$ = volume en $v^x,v_1,$ $t_g=v^x,v_1.$	
(7)	(8)	(9)	(10)	(11)	(12)
$\delta W.$	$P_1.$	$\delta W.$	$P_1.$	$\delta W.$	$P_1.$
m^3	m	m^3	m	m^3	m
0,	0,1350	0	0,1350	0	0,1306
0,010005	0,2107	0,010055	0,3283	0,013330	0,2040
0,010005	0,5078	0,010056	0,4215	0,013340	0,4350
0,010005	0,6805	0,010055	0,8022	0,013340	0,6028
0,010005	1,1055	0,010055	1,2300	0,013340	1,4029
0,010005	1,5105	0,010055	1,6777	0,013330	2,4508
0,010005	1,9782	0,010055	2,1319	0,013330	3,1901
0,010005	2,4146	0,010055	2,5832	0,013320	3,8531
0,010005	2,8524	0,010055	3,0305	0,013320	4,5596
0,010005	3,2795	0,010055	3,4705	0,013190	5,2929
0,010005	3,7036	0,010055	3,9156	0,013016	6,0203
0,010005	4,1287	0,010055	4,3507	0,013647	6,7015
0,010005	4,5383	0,010055	4,7821	0,012253	7,3636
0,009946	4,9809	0,010055	5,2127	0,011608	7,9986
0,009946	5,3650	0,010055	5,6422	0,010613	8,5478
0,009946	5,7783	0,009986	6,0693	0,009620	9,0909
0,009702	6,1848	0,009986	6,4921	0,007820	9,4112
0,009492	6,5900	0,009620	6,9091	0,006521	9,1729
0,009268	6,9911	0,009720	7,3214	0,004880	9,8965
0,008899	7,3755	0,008620	7,8133	0,003645	9,9850

TABLEAU GÉNÉRAL DES

RÉSULTATS EXPÉRIMENTAUX (suite).

ORIFICE A MINCES PAROIS de $\omega^{e,2}$, exprimés de section réelle.		ORIFICE A MINCES PAROIS de $\omega^{e,1}$, exprimés de section réelle.		ORIFICE CONICO-CYLINDRIQUE de $\omega^{e,1}$, exprimés de section réelle (ouverture 9°).		
$[\omega_0=m,\,\delta]=\omega,0000783,$ $P_0=\mathrm{B}_0+h_0=10^{e,}200,$ $V_1=\mathrm{B}+t,\,\text{poids}\,P_0,$ $\delta W=S_g\left(\dfrac{\mathrm{B}+h-\gamma}{\mathrm{B}+\delta}\right),0011\,\delta\mathrm{H}$ $=$ volume en $\mathrm{r}^e,11,$ $t_g=\mathrm{r}^e,5.$		$[\omega_1=m,\,\delta]=\omega,000161,$ $P_0=(\mathrm{B}_0+h_0)=10^{e,}200,$ $P_1=\mathrm{B}+t,\,\text{poids}\,P_{0},$ $\delta W=S_g\left(\dfrac{\mathrm{B}+h-\gamma}{\mathrm{B}+\delta}\right),0011\,\delta\mathrm{H}$ $=$ volume en $\mathrm{r}^e,11,$ $t_g=\mathrm{r}^e,5.$		$[\omega_1=m,\,\delta]=\omega,000161,$ $P_0=(\mathrm{B}_0-h_0)=10^{e,}$ $P_1=\mathrm{B}+t,\,\text{poids}\,P_0,$ $\delta W=S_g\left(\dfrac{\mathrm{B}+h-\gamma}{\mathrm{B}+\delta}\right),0011\,\delta\mathrm{H}$ $=$ volume en $\mathrm{r}^e,1.$		
(1).	(3).	(3).	(4).	(5).	(6).	
$\delta W.$	$P_1.$	$\delta W.$	$P_1.$	$\delta W.$	$P_1.$	
m^s	m	ω^3	m	m^3	m	
0,003261	8,1223	0,007199	8,5877	0,000161		
2,003206	8,7636	0,006553	8,8891	0,000649		
0,003471	8,3969	0,005976	9,1338	0,000236		
0,003351	8,5274	0,005469	9,3717	0,000243		
0,003212	8,6525	0,004823	9,5566			
0,003107	8,7762	0,004281	9,7347			
0,003037	8,8891	0,003797	9,8747			
0,002953	8,9962	0,003198	9,9931			
0,002758	9,0908	0,002655	10,0950			
0,002683	9,2001	0,002167	10,1603			
0,002514	9,3085	0,001767	10,2174			
0,002374	9,3969	0,001398	10,2378			
0,002280	9,4805	0,000223				
0,002130	9,5593					
0,002033	9,6087					
0,001885	9,6980					
0,001766	9,7606					
0,001600	9,8190					
0,001501	9,8704					
0,001396	9,9274					
0,001322	9,9860					
0,001132	10,0036					
0,001012	10,0306					
0,000943	10,0538					
0,000828	10,0655					
0,000768	10,1032					
0,000081	10,1209					
0,000611	10,1345					
0,000554	10,1467					
0,000436	10,1549					
0,000401	10,1620					
0,000279	10,1698					
0,000300	10,1752					
0,000176						
0,000140						
0,000122						
0,000105						

ORIFICE CONIQUE CONVERGENT de $\omega^{e,1}$, exprimés de section réelle (ouverture 13°).			ORIFICE CONIQUE CONVERGENT de $\omega^{e,1}$, exprimés de section réelle (ouverture 5°).	
$[\mathcal{H}_1=m,\,\delta]=\omega,000161,$ $P_0=(\mathrm{H}_1+h_0)=10^{e,}261,$ $P_1=\mathrm{B}+t,\,\text{poids}\,P_0,$ $\delta W=S_g\left(\dfrac{\mathrm{B}+h-\gamma}{\mathrm{B}+\delta}\right),0011\,\delta\mathrm{H}$ $=$ volume en $\mathrm{r}^e,11,$ $t_g=\mathrm{r}^e.$		$[\omega_1=m,\,\delta]=\omega,000161,$ $P_0=(\mathrm{B}_1+h_0)=10^{e,}196,$ $P_1=\mathrm{B}+t,\,\text{poids}\,P_0,$ $\delta W=S_g\left(\dfrac{\mathrm{B}+h-\gamma}{\mathrm{B}+\delta}\right),0011\,\delta\mathrm{H}$ $=$ volume en $\mathrm{r}^e,13,$ $t_g=\mathrm{r}^e.$	
(7).	(8).	(9).	(10).	(11).	(12).
$\delta W.$	$P_1.$	$\delta W.$	$P_1.$	$\delta W.$	$P_1.$
m^s	m	ω^3	m	m^3	m
0,006375	7,8150	0,006177	8,1970	0,002300	10,0390
0,008026	8,1085	0,007689	8,5560		
0,007538	8,4975	0,007168	8,6877		
0,006945	8,7903	0,006680	9,1968		
0,006285	9,0761	0,005985	9,4588		
0,005653	9,3160	0,005123	8,6906		
0,004900	9,5481	0,004897	9,9023		
0,004392	9,7002	0,003967	10,0578		
0,003904	9,8517	0,003480	10,1868		
0,003001	9,9686	0,002850	10,2691		
0,002443	10,0476		10,3153		
0,001619	10,0960				
0,001108	10,1236				
0,001131	10,1440				
0,000838	10,1676				
0,000638	10,1645				
0,000524					
0,000419					
0,000214					
0,000279					

Les conclusions auxquelles conduit ce Tableau sautent
en quelque sorte aux yeux.

I. A partir de la plus grande raréfaction qu'il m'ait été
possible de produire, jusqu'à une contre-pression de près
de $0^m,400$, le volume débité d'un battement à l'autre du
pendule est presque le même. — Je dis, *presque :* la diminution des volumes, qui, à partir de $0^m,400$, devient de plus
en plus sensible à mesure que P_1 croît, existe certainement
aussi déjà à partir de $P_1 = 0^m,010$, mais elle est tellement
faible, que les variations sont complètement masquées par
les fautes très petites, d'ailleurs, commises par l'appareil
lui-même ([1]). — Pour mieux faire saisir la marche des
phénomènes, je l'ai représentée par les deux courbes AAA
et BBB (*fig.* 6) dans lesquelles les abscisses répondent au
temps, les surfaces de AAA aux volumes et les ordonnées
de BBB aux pressions. J'ai pris pour la construction de ces
courbes l'expérience faite avec le plus petit orifice qui
donne naturellement les résultats les plus réguliers ([2]).

Du mode même de construction de la courbe AAA, il
résulte que les ordonnées y répondent aux vitesses d'a-
baissement du gazomètre ou aux volumes de gaz à P_0 et
à t_g, débités par seconde, ou enfin à la vitesse des parti-

([1]) L'origine de ces fautes est facile à apercevoir. Il n'est pas possible
de construire un gazomètre rigoureusement cylindrique; la cloche, tirée
brusquement du repos par l'ouverture de la soupape, descend par légères
oscillations, bien que les battements du pendule aient été parfaitement
isochrones, puisque j'avais soin de maintenir constante leur amplitude, les
contacts métalliques entre la patte du pendule et la languette pouvaient
bien ne pas se faire toujours également vite, etc. — Les nombres indiquant
les pressions sur ce Tableau sont nécessairement beaucoup plus fautifs, car
la colonne de mercure, en raison de l'inertie, devait toujours se trouver
plus ou moins en retard, et d'ailleurs oscillait pendant la marche.

([2]) Les courbes que j'ai construites d'après les expériences ont dû être
considérablement réduites pour se plier au format des *Annales de Chimie
et de Physique*. Celles qui sont dans le texte ne peuvent donc pas servir
au lecteur à prendre des mesures précises, elles ne font que peindre les
phénomènes aux yeux.

Fig. 6.

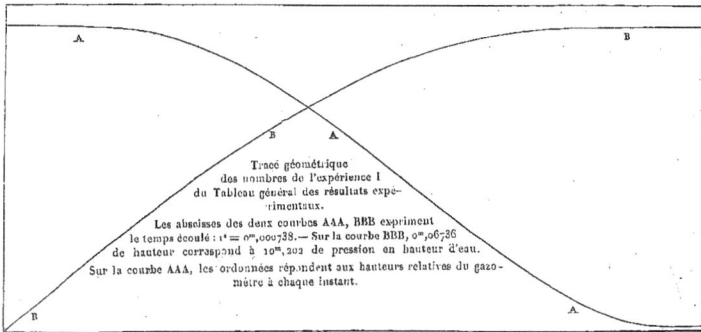

Tracé géométrique
des nombres de l'expérience I
du Tableau général des résultats expérimentaux.

Les abscisses des deux courbes AAA, BBB expriment
le temps écoulé : $1^s = 0^m,000738$. — Sur la courbe BBB, $0^m,06736$
de hauteur correspond à $10^m,202$ de pression en hauteur d'eau.

Sur la courbe AAA, les ordonnées répondent aux hauteurs relatives du gazomètre à chaque instant.

cules du gaz supposé toujours à P_0 et à t_g. — L'échelle
métrique des ordonnées est telle qu'un mètre de hauteur
répondrait à une dépense de $0^{m^3},083358\,1$, la pression étant
invariable. Sur l'échelle métrique des abscisses, une seconde est exprimée par la longueur de $0^m,000738$.

Le seul aspect de la courbe AAA, comme d'ailleurs
aussi celui des cinq colonnes δW du Tableau numérique,
nous apprend que le maximum auquel conduit la diffé-
rentiation des deux équations (B) et (D) n'existe pas.

II. Un autre fait de la plus haute importance ressort
d'une façon non moins évidente de notre Tableau. — Si
dans la partie de la courbe AAA, où la variation des ordonnées est en quelque sorte nulle, en d'autres termes, si,
dans la première partie de chaque expérience, où le volume par unité de temps est presque invariable, nous divisons ce volume par la section effective de l'orifice, nous
avons visiblement la vitesse $V_{(c)}$ qu'auraient les parties du
gaz si la densité était constante; mais cette densité est
essentiellement variable; elle répond d'abord à P_0, puis
à P_1; dans la construction même de nos deux équations
de vitesse (A) et (C) (Weisbach), nous avons admis qu'au
cas particulier on a

$$\frac{\Delta_1}{\Delta_0} = \frac{w_0}{w_1} = \left(\frac{P_1}{P_0}\right)^{\frac{c_v}{c_p}},$$

ou

$$\frac{w_1}{w_0} = \left(\frac{P_0}{P_1}\right)^{\frac{c_v}{c_p}},$$

w_0 et w_1 étant les volumes spécifiques du gaz qui répondent à la pression initiale P_0 et à la contre-pression P_1.
Mais la vitesse du gaz est évidemment proportionnelle au
volume spécifique du gaz qui, dans l'unité de temps, passe
par une même section. On a donc en réalité, pour la

vitesse de la veine fluide, au moment où elle va quitter l'orifice et où sa pression est devenue P_1,

$$V = V_{K'} \left(\frac{P_0}{P_1}\right)^{0,7092} = \frac{W}{(m_0 \, m_1 \, S)} \left(\frac{P_0}{P_1}\right)^{0,7092},$$

d'où il résulte que V croît continuellement à mesure que la contre-pression diminue, et que pour $P_1 = 0$ elle deviendrait infinie, ce qui toutefois n'est pas certain au point de vue expérimental. La raréfaction sans doute n'a pu être poussée jusqu'à $P_1 = 0$; mais la marche presque rectiligne de la première partie de la courbe A A A nous permet de prolonger la ligne jusqu'à $P_1 = 0$, sans que nous ayons à craindre un démenti par les faits. Si nous nous tenons seulement aux nombres réels atteints pour P_1 et si nous prenons pour P_0 la valeur qu'avait habituellement cette pression, il vient pour l'expérience faite par exemple avec l'orifice conique dont la section effective était 0,00004887 :

$$V = \frac{0,009830}{0,00004887} \left(\frac{0,750}{0,010}\right)^{0,7092} = 201,14 \cdot 21,208 = 4266^m.$$

La limite indiquée par l'équation de Weisbach n'existe donc pas.

Je viens de prendre un exemple particulier; mais, sauf la valeur absolue des nombres trouvés pour V dans d'autres cas, le résultat général est absolument le même.

§ VI.

COMPARAISON DES RÉSULTATS EXPÉRIMENTAUX AVEC CEUX QUE DONNENT LES ÉQUATIONS (A), (C), (B), (D).

Il m'a semblé intéressant et utile tout à la fois de résumer en quelques Tableaux numériques la marche des différences qui existent entre les nombres calculés avec les deux espèces d'équations (A), (B) et (C), (D), et ceux que fournit l'expérience à l'aide du mode de calcul précédent. La construction de ces Tableaux se comprend à première vue, d'après les en-têtes des colonnes. Les volumes par unité de temps ont été obtenus en divisant les différences premières des abaissements du gazomètre par la durée en secondes, ce qui, en raison de la lenteur des variations du débit, est très approximatif. Les pressions et. contre-pressions ont été exprimées en colonnes d'eau.

Tableau comparatif entre les nombres

Orifice à minces parois de $0^{cm2},0001337$ de section réelle

CONTRE-PRESSION P_1 (1)	VOLUME réel déduit par ascence à la pression P_0 et t_p δW (2)	VOLUME à P_0 et t_p calculés avec les équations (b) et (b)	
		$\left[(m_1m_2S)\left(\frac{P_1}{P_0}\right)^{0,7469}\cdot V_{(a)}\right]$ $\delta W_{(a)}$ (3)	$\left[(m_1m_2S)Bi\left(\frac{P_1}{P_0}\right)^{1,04...}\cdot V_{(b)}\right]$ $\delta W_{(b)}$ (4)
0,	0,00207155		
0,1360	0,00207155	0,0006873	0,0002349
0,2580	0,00207155	0,0008572	0,0004812
0,5000	0,00207155	0,0010306	0,0005345
0,9397	0,00207155	0,0013035	0,0007707
1,4480	0,00207155	0,0014880	0,0009787
1,9785	0,00207155	0,0015655	0,0011676
2,6580	0,00207155	0,0017070	0,0013000
3,3528	0,00206126	0,0017663	0,0014181
4,2892	0,00200960	0,0017920	0,0014920
4,8742	0,00194540	0,0017800	0,0015460
5,4887	0,00190660	0,0017460	0,0015330
6,0733	0,00185500	0,0016915	0,0015280
6,8457	0,00170040	0,0015980	0,0014910
7,5003	0,00158450	0,0014763	0,0013965
8,3636	0,00130110	0,0012900	0,0012690
8,6891	0,00112070	0,0010979	0,0010669
9,2204	0,00096311	0,0009566	0,0009495
9,5593	0,00075890	0,0007880	0,0007750
10,0039	0,00045310	0,00044525	0,00045617

I.

expérimentaux et les nombres théoriques.

$(m_1m_2S) = 0,00007797$; $P_0 = 10^m,201$, $t_p = 7°,5$.

VITESSE du gaz supposé à P_0 et t_p $\frac{\delta W}{V_{(g)}}$ (5)	VITESSES		
	réelle $\frac{\delta W}{(m_1m_2S)\left(\frac{P_1}{P_0}\right)^{0,7469}}$ $V_{(r)}$ (6)	calculées avec les équations (A) et (C)	
		(A) $201,3\sqrt{\left(\frac{P_1}{P_0}\right)^{0,2681}...}$ $V_{(a)}$ (7)	(C) $...144\sqrt{1-\left(\frac{P_1}{P_0}\right)^{1,62..}}$ $V_{(c)}$ (8)
259,92	∞	∞	755,9
259,92	5555,1	1843,0	630,0
259,92	3527,6	1456,7	603,8
259,92	2206,4	1140,3	569,3
259,92	1617,6	893,4	527,4
259,91	1238,0	742,9	490,4
259,92	835,0	644,7	458,9
259,92	675,0	556,0	424,0
258,68	569,4	487,0	391,7
252,13	470,0	419,0	349,0
244,10	412,3	378,0	327,5
239,22	371,0	340,0	299,0
232,75	335,3	306,6	278,6
213,35	284,0	267,0	249,0
198,81	247,3	230,0	217,9
103,45	190,0	188,0	182,0
160,61	155,0	151,2	147,6
119,59	128,7	130,5	128,2
98,89	104,0	103,0	102,0
53,34	54,1	56,3	56,0

N°

Tableau comparatif entre les nombres

Orifice à minces parois de 0^mq,0000255 de section réelle

II.

expérimentaux et les nombres théoriques.

$(m_0\,\omega_1\,S) = 0,00001515 ; P_1 = 10^m,310 ; t_2\ 6°,75.$

CONTRE-PRESSION P_1 (1)	VOLUME réel débité par seconde à la pression P_1 et à la température t_0. δW. (2)	VOLUMES à P_0 et à t_0, calculés avec les équations (B) et (D). $\left[m_0\omega_1 S\left(\frac{P_2}{P_1}\right)^{0,7189}\cdot V_{(A)}\right]$ $\delta W_{(A)}$. (3)	$\left[m_0\omega_1 S\left(\frac{P_1}{P_2}\right)^{0,7189}\cdot V_{(B)}\right]$ $\delta W_{(D)}$. (4)	VITESSE du gaz supposé à P_0 et à t_0. $\dfrac{\delta w}{(m_0\omega_1 S)}$ $V_{(2)}$. (5)	réelle $\delta w\left(\frac{P_2}{P_1}\right)^{0,7189}$ $V_{(A)}$. (6)	VITESSES calculées avec les équations (A) et (C). $(A)=\text{const}\sqrt{\left(\frac{P_2}{P_1}\right)^{0,7189}\left[\left(\frac{P_2}{P_1}\right)^{0,285}-1\right]}$ $V_{(A)}$. (7)	$(C)=14\sqrt{1-\left(\frac{P_2}{P_1}\right)^{0,285}}$ $V_{(C)}$. (8)
0,	0,00452083	0	0	264,3	∞	∞	744,0
0,1300	0,00452083	0,00138307	0,00047282	264,3	569,1	1847,5	630,4
0,5031	0,00452083	0,00215840	0,00107863	264,3	3250,9	1140,8	558,8
1,0632	0,00452083	0,00273906	0,00162354	264,3	1294,0	849,6	517,3
1,5839	0,00452083	0,00306673	0,00206083	264,3	897,8	716,4	480,2
2,0970	0,00452083	0,00328771	0,00235435	264,3	816,8	629,1	507,9
2,5981	0,00452170	0,00344099	0,00261003	267,1	688,4	651,7	426,1
3,0938	0,00441366	0,00333380	0,00278029	255,5	590,9	513,6	464,2
3,8929	0,00403672	0,00316373	0,00299152	245,9	498,5	446,6	369,5
4,7477	0,00390978	0,00351096	0,00311551	247,5	428,9	387,3	334,3
5,6578	0,00368882	0,00349246	0,00345216	228,4	349,6	333,1	297,8
6,4459	0,00346889	0,00333441	0,00307367	216,8	299,7	289,8	265,8
7,2222	0,00328882	0,00312288	0,00292715	203,6	282,1	248,0	233,5
7,8991	0,00293502	0,00284778	0,00271343	182,1	230,0	213,0	203,1
8,5872	0,00256565	0,00247930	0,00240104	164,5	187,3	174,8	190,3
9,1338	0,00220052	0,00209417	0,00205118	136,5	148,7	141,3	136,4
9,5586	0,00177797	0,00169784	0,00167051	110,3	116,2	110,9	109,3
9,8747	0,00138363	0,00130010	0,00130009	85,8	88,6	83,6	83,0
10,1031	0,00072996	0,00077677	0,00077317	49,6	50,0	48,6	48,5

Tableau comparatif entre les nombres

Orifice conico-cylindrique de 9ᵐ d'ouverture. Section réelle :

III.

expérimentaux et les nombres théoriques.

$$S = 0^{\text{mm}},00001867;\ (m_a m, 8) = 0,00001639\,;\ P_a = 10^{\text{m}},2677\,;\ t_a = 6°,2.$$

CONTRE-PRESSION p_1 (1)	VOLUME réel débité par seconde à la pression P_a et à la température t_a δW (2)	VOLUMES à P_a et t_a calculés avec les équations (B) et (D)	
		$\left[(m_a m, 8)\left(\frac{p_1}{P_a}\right)^{0,500} \cdot V_{(1)}\right] \frac{}{\delta W_{(3)}}$ (3)	$\left[(m_a m, 8)\left(\frac{p_1}{P_1}\right)^{0,502} \cdot V_{(4)}\right] \frac{}{\delta W_{(4)}}$ (4)
0,	0,003339	0ᵐ	0,
0,1560	0,003339	0,0014070	0,0048000
0,3086	0,003339	0,0017600	0,0007770
0,7792	0,003339	0,0025284	0,0014214
1,1693	0,003339	0,0028597	0,0017960
1,5675	0,003339	0,0031020	0,0020850
2,3657	0,003339	0,0034207	0,0023353
3,1461	0,003339	0,0035929	0,0028406
3,5236	0,003314	0,0038100	0,0029550
4,2936	0,003314	0,0038748	0,0031070
4,6689	0,003388	0,0030400	0,0031510
5,4085	0,003388	0,0035903	0,0031584
6,1413	0,003211	0,0036360	0,0031530
6,9707	0,003011	0,0032617	0,0030212
7,6872	0,002875	0,0029600	0,0028000
8,3330	0,002648	0,0026459	0,0025698
8,8972	0,002269	0,0022500	0,0022200
9,5998	0,001728	0,0016817	0,0016610
10,1576	0,000775	0,0006630	0,0006630

VITESSE du gaz supposé à P_a et à t_a $(m_a m, 8)$ $\frac{\delta W}{V_{(5)}}$ (5)	VITESSES		
	réelle $\frac{\delta W}{(m_a m, 8)}$ $V_{(6)}$ (6)	calculées avec les équations (A) et (C)	
		$(A)\ldots 402,1\sqrt{\left(\frac{p_2}{p_a}\right)^{0,502}\left[\left(\frac{p_2}{p_1}\right)^{0,502}-1\right]}$ $V_{(7)}$ (7)	$(C)\ldots 343,2\sqrt{1-\left(\frac{p_2}{p_a}\right)^{0,502}}$ $V_{(8)}$ (8)
205,72	∞	∞	743,3
205,72	437ᵐ,0	1843,0ᵐ	618,8
205,72	259ᵐ,0	1353,0	598,0
205,72	1268,3	960,4	539,0
203,72	951,0	814,4	508,7
203,72	772,5	717,7	482,4
203,72	677,0	591,1	438,1
203,72	471,4	507,2	401,0
202,20	480,0	473,0	384,0
202,20	375,3	416,1	351,8
200,52	351,2	391,0	335,0
200,50	315,9	345,7	305,5
196,00	282,0	307,0	277,0
183,70	241,8	260,3	242,6
175,00	215,0	222,0	212,0
159,70	165,0	187,2	180,4
136,00	153,0	154,0	150,0
105,40	110,0	107,9	106,6
47,00	47,0	47,0	42,0

Tableau comparatif entre les nombres

Orifice conique convergent de 13° d'ouverture. Section réelle:

CONTRE-PRESSION P_1 (1)	VOLUME réel débité par seconde à la pression P_0 et à la température t_0. δW. (2)	VOLUMES à P_0 et à t_0, calculés avec les équations (B) et (D).	
		$\left[(m_2 m) \, \mathfrak{B} \left(\frac{P_1}{P_0}\right)^{0,7083} \cdot V_{(k)}\right]$ $\delta W_{(2)}$ (3)	$\left[(m_2 m) \, \mathfrak{B} \left(\frac{P_1}{P_0}\right)^{0,7083} \cdot V_{(d)}\right]$ $\delta W_{(b)}$ (4)
$0,$	$0,0036920$	0	0
$0,1360$	$0,0036920$	$0,0016207$	$0,0005478$
$0,2107$	$0,0036920$	$0,0018910$	$0,0007270$
$0,5825$	$0,0036920$	$0,0027591$	$0,0014996$
$1,1034$	$0,0036920$	$0,0031981$	$0,0019885$
$1,9782$	$0,0036920$	$0,0037370$	$0,0025632$
$2,4166$	$0,0036920$	$0,0039226$	$0,0029127$
$2,8794$	$0,0036920$	$0,0041021$	$0,0032860$
$3,7206$	$0,0036920$	$0,0041161$	$0,0034047$
$4,5383$	$0,0036920$	$0,0041620$	$0,0035560$
$5,0809$	$0,0036700$	$0,0042727$	$0,0036091$
$5,7783$	$0,0036700$	$0,0039920$	$0,0036740$
$6,5900$	$0,0035026$	$0,0037832$	$0,0034921$
$7,3745$	$0,0032854$	$0,0036820$	$0,0032720$
$8,1085$	$0,0029616$	$0,0030489$	$0,0029247$
$8,7993$	$0,0023630$	$0,0025920$	$0,0025250$
$9,5082$	$0,0018173$	$0,0018153$	$0,0017976$
$10,0474$	$0,0009210$	$0,0007900$	$0,0007900$

IV.

expérimentaux et les nombres théoriques.

$S = 0^{m^2},0000:772$; $(m_2 m, S) = 0,0000:852$; $P_0 = 10^m,1617$; $t_0 = 8°$.

VITESSE de gaz rapporté à P_0 et à t_0. $\frac{\delta W}{(m_2 m, S)}$ V_d (5)	VITESSES		
	réelle $\frac{\delta W}{(m_2 m, S) \cdot \left(\frac{P_1}{P_0}\right)}$ $V_{(e)}$ (6)	calculées avec les équations (A) et (C).	
		$(A)_{\ldots} \, 1et_{\ldots} \sqrt{\left(\frac{P_1}{P_0}\right)^{0,7083} \left[\left(\frac{P_0}{P_1}\right)-1\right]}$ $V_{(c)}$ (7)	$(C)_{\ldots} 216,7 \sqrt{1 - \left(\frac{P_1}{P_0}\right)^{0,7083}}$ $V_{(b)}$ (8)
$199,5$			$745,7$
$199,3$	$4267,6$	$1842,0$	$630,4$
$199,3$	$3114,0$	$1388,0$	$613,0$
$199,3$	$1355,0$	$1011,5$	$549,7$
$199,3$	$961,1$	$830,8$	$517,8$
$199,3$	$636,0$	$644,0$	$459,0$
$199,3$	$560,2$	$583,9$	$435,8$
$199,3$	$484,5$	$494,0$	$395,0$
$199,3$	$407,7$	$458,0$	$376,1$
$199,3$	$355,0$	$398,0$	$341,0$
$198,7$	$524,0$	$377,8$	$318,6$
$198,2$	$296,0$	$322,0$	$280,0$
$189,1$	$267,1$	$277,7$	$256,2$
$177,8$	$223,0$	$236,0$	$222,0$
$159,9$	$180,7$	$192,2$	$183,0$
$138,4$	$153,0$	$155,0$	$151,0$
$99,4$	$101,0$	$101,6$	$101,6$
$48,6$	$49,0$	$43,0$	$43,0$

Tableau comparatif entre les nombres

Orifice conique convergent de 12° d'ouverture. Section réelle :

CONTRE-PRESSION P_1 (1).	VOLUME réel débité par seconde à la pression P_0 et à la température t_0. δW. (2).	VOLUMES à P_0 et à t_0, calculés avec les équations (B) et (b). $[(m_0 m_1 S)(\frac{P_1}{P_0})^{0,7030} \cdot V_{[b]}]$ $\delta W_{[b]}$. (3).	$[(m_0 m_1 S)(\frac{P_1}{P_0})^{0,7030} \cdot V_{[b]}]$ $\delta W_{[b']}$. (4).
$0,$	$0,0037103$	0	0
$0,1860$	$0,0037103$	$0,0015980$	$0,0005418$
$0,3063$	$0,0037103$	$0,0021591$	$0,0009186$
$0,6022$	$0,0037103$	$0,0028990$	$0,0010741$
$1,6777$	$0,0037103$	$0,0035097$	$0,0024423$
$2,3835$	$0,0037103$	$0,0039653$	$0,0029855$
$3,0305$	$0,0037103$	$0,0040760$	$0,0031813$
$3,4765$	$0,0037103$	$0,0041467$	$0,0033381$
$3,9256$	$0,0037103$	$0,0041895$	$0,0034567$
$4,3507$	$0,0037103$	$0,0042027$	$0,0035273$
$4,7831$	$0,0037103$	$0,0041900$	$0,0036080$
$5,2177$	$0,0037103$	$0,0041533$	$0,0036396$
$5,6443$	$0,0037103$	$0,0040693$	$0,0036455$
$6,0893$	$0,0036848$	$0,0040113$	$0,0036367$
$6,4921$	$0,0035802$	$0,0039057$	$0,0035960$
$6,9095$	$0,0035055$	$0,0037789$	$0,0035218$
$7,3214$	$0,0034021$	$0,0036277$	$0,0037986$
$8,1070$	$0,0030173$	$0,0032090$	$0,0030721$
$8,8877$	$0,0026450$	$0,0027574$	$0,0026890$
$9,4588$	$0,0023083$	$0,0023549$	$0,0023470$
$9,9033$	$0,0017334$	$0,0017209$	$0,0017049$
$10,3691$	$0,0010517$	$0,0010468$	$0,0010445$

V.

expérimentaux et les nombres théoriques.

$S = 0^{m^2},00001772$; $(m_0 m_1 S) = 0,00001852$; $P_0 = 10^m,478$; $t_0 = 12°$.

VITESSE du gaz supposé à P_0 et à t_0 $\frac{\delta W}{(m_0 m_1 S)}$ V_E (5).	VITESSES réelle $\frac{\delta W}{(m_0 m_1 S)}(\frac{P_1}{P_0})$ $V_{[b]}$ (6).	calculées avec les équations (A) et (C). $(A...)...\sqrt{(\frac{P_1}{P_0})^{0,7030}[(\frac{P_1}{P_0})^{0,7030}-1]}$ $V_{[A]}$ (7).	$(C...)...\sqrt{1-(\frac{P_1}{P_0})^{0,7030}}$ $V_{[C]}$ (8).
$200,3$	∞	∞	$752,3$
$200,3$	$4362,1$	$1879,0$	$637,1$
$200,3$	$1345,0$	$1364,9$	$599,7$
$200,3$	$1289,0$	$908,6$	$545,8$
$200,3$	$734,2$	$711,1$	$483,4$
$200,3$	$540,6$	$577,9$	$435,1$
$200,3$	$482,7$	$530,4$	$414,0$
$200,3$	$436,0$	$489,8$	$394,1$
$200,3$	$402,3$	$454,0$	$375,3$
$200,3$	$373,5$	$423,2$	$357,2$
$200,3$	$349,3$	$394,5$	$339,7$
$200,3$	$328,6$	$367,9$	$322,4$
$200,3$	$310,6$	$342,8$	$305,3$
$199,0$	$293,1$	$319,0$	$288,2$
$193,4$	$271,5$	$296,1$	$271,1$
$189,3$	$254,3$	$276,1$	$254,0$
$183,7$	$236,8$	$252,5$	$236,6$
$162,9$	$193,9$	$206,2$	$197,4$
$142,8$	$160,5$	$167,3$	$161,6$
$119,3$	$128,3$	$130,9$	$128,7$
$93,6$	$97,4$	$96,7$	$95,8$
$56,8$	$57,6$	$57,4$	$57,2$

Tableau comparatif entre les nombres

Orifice conique convergent de 9° d'ouverture. Section réelle :

CONTRE-PRESSION. P_1. (1).	VOLUME réel défini par seconde à la pression P_0 et à la température t_0. δw. (2).	VOLUMES à P_0 et à t_0 calculés avec les équations (B) et (D). $[(m_0,m_1,S)\left(\frac{P_1}{P_0}\right)^{0,5+m}.v_{(b)}]$ $\delta w_{(b)}$. (3).	$[(m_0,m_1,S)\left(\frac{P_1}{P_0}\right)^{0,714}.v_{(b)}]$ $\delta w_{(b)}$. (4).
$0,1$	$0,00983o$	o	o
$0,1300$	$0,00983o$	$0,0040774$	$0,001483$
$0,2040$	$0,00983o$	$0,0065210$	$0,001901$
$0,4350$	$0,00983o$	$0,0083630$	$0,003037$
$0,6023$	$0,00983o$	$0,0070601$	$0,004721$
$1,4629$	$0,00983o$	$0,009263o$	$0,005123$
$2,4582$	$0,00983o$	$0,0104710$	$0,0073852$
$3,1991$	$0,00983o$	$0,0109290$	$0,008698$
$3,8531$	$0,00983o$	$0,0111160$	$0,009190$
$4,5506$	$0,00983o$	$0,0111240$	$0,009336$
$5,2929$	$0,0097284$	$0,0109360$	$0,009306$
$6,0203$	$0,0096606$	$0,0105022$	$0,009583$
$6,7015$	$0,0095555$	$0,0100350$	$0,009295$
$7,3636$	$0,0090043$	$0,0093400$	$0,008811$
$7,9958$	$0,008582$	$0,0085721$	$0,008114$
$8,5476$	$0,0075085$	$0,0075070$	$0,007278$
$9,0200$	$0,0068065$	$0,0064550$	$0,006303$
$9,4170$	$0,0057o4$	$0,005349o$	$0,005280$
$9,7240$	$0,0047529$	$0,0045181$	$0,004533$
$9,8905$	$0,0035587$	$0,0033510$	$0,003337$

VI.

expérimentaux et les nombres théoriques.

$S = \omega^2.00004964 ; (m_0,m_1,S) = 0,00004687; P_0 = 10^m,190; t_0 = 15^\circ,75.$

VITESSE du gaz compté à P_0 et à t_0 $\frac{\delta w}{(m_0,m_1,S)}$ $v_{(2)}$. (1).	VITESSES			
	réelle $\frac{\delta w}{(m_0,m_1,S)}\left(\frac{P_0}{P_1}\right)^x$ $v_{(b)}$. (2).	calculées avec les équations (A) et (C).		
		$(A)...u_{7,5}\sqrt{\left(\frac{P_1}{P_0}\right)^{0,\text{714}}\left[\left(\frac{P_0}{P_1}\right)-\right]}$ $v_{(A)}$. (7).	$(C)...\gamma_{5}u_5\sqrt{1-\left(\frac{P_1}{P_0}\right)^{0,\text{714}}}$ $v_{(C)}$. (8).	
$201,14$	10	0	$755,9$	
$201,14$	$4905,3$	$1869,1$	$639,2$	
$201,14$	$3922,0$	$1613,0$	$602,0$	
$201,14$	$1883,1$	$1219,1$	$585,7$	
$201,14$	$1405,0$	$1076,8$	$566,0$	
$201,14$	$796,8$	$750,0$	$490,5$	
$201,14$	$551,4$	$587,5$	$439,0$	
$201,14$	$457,4$	$508,6$	$401,3$	
$201,14$	$400,9$	$453,3$	$395,2$	
$201,15$	$356,3$	$403,2$	$345,6$	
$199,30$	$317,0$	$356,1$	$314,8$	
$196,60$	$283,5$	$313,9$	$284,8$	
$193,32$	$263,2$	$276,4$	$261,1$	
$185,06$	$233,0$	$240,0$	$227,0$	
$175,59$	$208,0$	$205,9$	$197,2$	
$157,75$	$178,1$	$174,0$	$168,7$	
$140,47$	$153,3$	$151,0$	$151,1$	
$117,94$	$124,8$	$115,8$	$115,3$	
$96,97$	$100,3$	$88,5$	$87,9$	
$73,40$	$74,9$	$69,8$	$69,5$	

§ VII.

DISCUSSION GÉNÉRALE ET CONCLUSION.

Mes lecteurs doivent aisément comprendre le désappointement d'un physicien qui, cherchant à décider expérimentalement quelle est la plus correcte, la plus solide, de deux équations, toutes deux rationnelles, l'une en quelque sorte inattaquable dans sa construction, trouve que toutes deux sont fausses. J'ai dû tout naturellement faire moi-même aux conclusions qui découlent des expériences les objections qui me semblaient les plus plausibles. Il n'est pas inutile de les indiquer, car elles viendront à l'esprit de chacun.

1° La première réflexion critique qu'on peut faire est celle-ci : est-il correct d'admettre que, pendant que le gaz du gazomètre passe de la pression P_0 à la pression P_1, il ne reçoive ou ne perde point de chaleur extérieurement?

— C'est sur cette supposition que repose la loi de Weisbach (C), (D), ainsi que les deux premières équations (A), (B); c'est en partant de l'égalité

$$P_1 = P_0 \left(\frac{w_0}{w_1}\right)^{\frac{c_p}{c_v}}$$

que nous les avons construites toutes quatre.

Contrairement à ce qui était admis autrefois en Physique, on sait aujourd'hui que la température des gaz varie avec une rapidité très grande, quand ces fluides se trouvent en contact avec des corps conducteurs plus chauds ou plus froids qu'eux.

L'équation bien connue de la Thermodynamique nous donne pour le changement de température de l'air sec qui passe d'une pression P_0 à une autre $P_1 < P_0$

$$(1 + at_1) = (1 + at_0) \left(\frac{P_1}{P_0}\right)^{0,2908}.$$

Dans mes expériences, où la raréfaction de l'air était toujours poussée très loin, l'abaissement de température produit par la détente était considérable; ainsi, pour prendre un seul exemple, nous avions, dans un cas, $P_0 = 0^m,750$ et $P_1 = 0^m,010$, la température initiale étant $7°,5$; il vient donc

$$(1 + 0,003665\,t_1) = (1 + 0,003665 \cdot 7°,5) \left(\frac{0,010}{0,750}\right)^{0,2908},$$

d'où

$$t_1 = -193°,$$

c'est-à-dire qu'il se produisait un abaissement de température de $7°,5$ à $-193°$! Chacun sans doute dira qu'il est impossible que cette température ait pu s'établir réellement, chacun dira que l'air devait s'échauffer, si peu que ce soit, pendant son passage à travers les orifices d'écoulement. — Je n'ai pas besoin de dire que j'ai été porté dès l'abord à faire cette réflexion critique. Dans le Mémoire que j'ai déjà in-

H.   5

diqué (^{1}), je cite une expérience où le gaz s'échappait par
un orifice conique de bronze d'à peine $0^m,040$ de longueur
avec $0^m,006$ de diamètre; or il m'a suffi de porter la température du métal à une centaine de degrés au-dessus de la
température ambiante pour *modifier complètement la vitesse d'abaissement du gazomètre.*

Nous allons voir que cette objection, très spécieuse
d'ailleurs, n'est applicable que pour certains orifices, et
que dans ce cas elle tourne en quelque sorte contre elle-
même.

Lorsqu'un gaz s'écoule par un orifice à minces parois,
construit comme ceux que j'ai employés, il ne se trouve
évidemment en contact avec le métal que sur une étendue
extrêmement petite et pendant un temps extrêmement
court. Pour que la loi

$$\sigma_1 = \sigma_0 \left(\frac{P_0}{P_1} \right)^{0.7092},$$

$$(1 + at_1) = (1 + at_0) \left(\frac{P_1}{P_0} \right)^{0.2908}$$

puisse être troublée, il faudrait que les radiations calori-
fiques du gaz lui-même intervinssent, ce qui n'est guère
admissible. — Il n'en est plus ainsi quand il s'agit des orifices coniques, et surtout des orifices conico-cylindriques.
En ce cas, les surfaces en contact avec le gaz en mouvement
prennent plus d'importance, et lorsque l'écoulement ne
dure pas assez longtemps pour que les parois puissent
prendre partout la température du gaz qui les lèche, il
peut très bien y avoir cession de chaleur de la part du
métal (ou du corps solide) qui forme l'orifice. C'est précisément dans ces conditions qu'ont été faites mes expé-

(^{1}) Recherches expérimentales et analytiques sur les lois de l'écoulement et du choc des gaz en fonction de la température; *Conséquences physiques et philosophiques qui découlent de ces expériences.* Grand in-4°, avec
planches et figures, 1886; chez Gauthier-Villars, à Paris.

riences ; la durée de l'écoulement était toujours très courte (*relativement*); les parois ont pu et dû céder de la chaleur à l'air abaissé par sa détente à une température de beaucoup inférieure à notre zéro. La loi

$$(1 + at_1) = (1 + at_0)\left(\frac{P_1}{P_0}\right)^{0,2908}$$

a dû être troublée. — Mais dans quel sens ?

Le résultat frappant des expériences relatées dans ce travail, c'est que les vitesses réelles que reçoit la veine fluide sous de fortes charges sont toujours considérablement supérieures à celles qu'on trouve, non seulement avec la loi de Weisbach, mais même avec la loi (A). Ainsi, en reprenant l'exemple que j'ai cité plus haut, avec un orifice conique convergent, nous avons trouvé

$$V = \frac{0,009830}{0,00004887}\left(\frac{0,750}{0,010}\right)^{0,7092} = 201,14 \cdot 21,208 = 4266^m.$$

La loi de Weisbach, nous le verrons tout à l'heure, nous donne

$$V_{(c)} = 639^m, 20,$$

et la loi (A) donne

$$V_{(A)} = 1869^m, 74.$$

On pourrait dire maintenant que c'est ma manière d'établir la vitesse qui est fausse ; que par ce fait que le gaz reçoit de la chaleur des parois, ce n'est plus par $\left(\frac{P_0}{P_1}\right)^{0,7092}$ qu'il faut multiplier le volume de gaz à P_0 et à t_g débité réellement par le gazomètre. Mais il est facile de reconnaître que l'échauffement du gaz par les parois a pour résultat direct de faire croître l'exposant $\frac{c_v}{c_p} = 0,7092$. Supposons en effet que, par impossible, la cession de chaleur des parois soit telle que la température du gaz ne varie pas : le volume spécifique du gaz, en passant de P_0 à P_1, croîtra alors selon la loi de Mariotte, et c'est par $\left(\dfrac{P_0}{P_1}\right)^1$ qu'il faudrait multiplier la vitesse initiale $V_g = \dfrac{\delta W}{(m_0 n_1 S)}$ pour avoir la vitesse à la sortie de l'orifice. On aurait ainsi

$$V = 201,14 \cdot 75 = 15085^m,50\,!$$

L'objection que nous discutons doit, pour devenir valide, être faite sous une autre forme.

Le gaz, en passant par l'orifice conique ou cylindrique, reçoit de la chaleur. Sa température, au lieu de s'abaisser à

$$t_1 = \frac{1}{a}\left[(1 + at_0)\left(\frac{P_1}{P_0}\right)^{0,2908} - 1\right],$$

ne descend qu'à t_x. Son volume spécifique, au lieu de devenir

$$w_1 = w_0\left(\frac{P_0}{P_1}\right)\frac{(1 + at_1)}{(1 + at_0)},$$

devient donc

$$w_x = w_0\left(\frac{P_0}{P_1}\right)\left(\frac{1 + at_x}{1 + at_0}\right) = w_0\left(\frac{P_0}{P_1}\right)^y.$$

Mais comme nous ne disposons que d'une même charge hydrostatique $(P_0 - P_1)$ qui détermine le mouvement de la veine, il résulte du principe de l'égalité de l'action et de la réaction que la vitesse qui, par suite de l'accroissement du volume spécifique, s'accroît dans le sens de l'écoulement, *doit diminuer* en sens opposé; le débit du gazomètre, mesuré en gaz à P_0 et à t_g, *doit diminuer*. C'est ce qui se vérifie de point en point, quand, par exemple, on chauffe artificiellement un orifice conique ou cylindrique, ou quand on compare simplement à ce point de vue les orifices à minces parois avec les orifices cylindriques ou coniques. Ainsi, avec l'orifice à minces parois de $0^{m2},0000 16 15$, nous avons, avec une différence de pression $(0^m,750 - 0^m,010)$ en mercure, une vitesse

$$V_g = 264^m,30 ;$$

avec l'orifice conique de $0^{m^2},00004887$ et la même différence de charge, nous n'avons que

$$V_g = 201^m,14.$$

Pour avoir la vitesse de la veine à sa sortie, nous pouvons avec l'orifice à minces parois multiplier de plein droit $264^m,30$ par le nombre

$$\left(\frac{0,750}{0,010}\right)^{0,7092} = 21,208.$$

Il n'en est pas ainsi, quant à l'orifice conique. Par ce fait même qu'en raison de l'échauffement, la vitesse du gaz à P_0 et à t_g a été réduite à $201^m,14$, elle a été augmentée pour les particules au moment où elles quittent l'orifice et c'est par un nombre plus fort que $21,208$ qu'il faut multiplier $201,14$ pour trouver la vraie vitesse. — Supposons que la vitesse maxima soit seulement la même de part et d'autre, et posons

$$264,30 \cdot 21,208 = 5605,30 = 201,14\left(\frac{0,750}{0,010}\right)^x,$$

nous trouvons

$$x = 0,8505.$$

L'échauffement du gaz par son contact avec les parois fausse donc bien réellement la loi $\left(\frac{P_0}{P_1}\right)^{\frac{c_v}{c_p}}$, mais en sens précisément inverse de ce qu'il faudrait pour légitimer les erreurs auxquelles conduisent les équations de vitesse (A), et (C) (Weisbach).

$2°$ Une seconde objection se présente à nous. — On pourrait dire que les deux coefficients (m_0) et (m_1), que j'ai implicitement admis comme peu variables, varient au contraire fortement, à mesure que la vitesse du gaz s'accroît. L'orifice $(m_0 m_1 S)$, déterminé par une expérience faite avec des pressions peu différentes entre elles, serait alors à rejeter, et l'équation

$$V = V_{g} \left(\frac{P_0}{P_1}\right)^{\frac{c_v}{c_p}} = \frac{\delta W}{(m_0 m_1 S)} \left(\frac{P_0}{P_1}\right)^{0,7092},$$

qui nous a servi à déterminer V, serait vicieuse. — Si pourtant nous remarquons en quel sens il faudrait qu'elle fût vicieuse, pour expliquer les faits, nous arrivons à une conclusion bien opposée. Je spécifie encore par un exemple. Dans l'expérience sur l'orifice conique (de 9° de convergence), le gazomètre débitait *réellement* $0^{m3},009830$ par seconde, dans les premiers moments de l'écoulement. En supposant constante la pression $P_1 = 0^m,010$ de la plus grande raréfaction et en posant aussi

$$P_0 = 0^m,750 = \text{const.},$$
$$t_{g} = 15°,75,$$

la loi de Weisbach nous donne

$$V_{(C)} = 735 \sqrt{(1 + 0,003665 \cdot 15°,75)\left[1 - \left(\frac{0,010}{0,750}\right)^{0,2908}\right]} = 639^m,20$$

et la loi (A) donne

$$V_{(A)} = 395,93 \sqrt{1,057724\left(\frac{0,010}{0,750}\right)^{0,2908}\left[\left(\frac{0,750}{0,010}\right) - 1\right]} = 1869^m,74.$$

L'orifice de $0^{m2},0004887$ étant supposé faux, nous devons, pour faire répondre nos vitesses expérimentales à ces deux vitesses calculées, poser

(C) $$639,20 = \frac{0,009830}{(m_0 m_1 S)} \left(\frac{0,750}{0,010}\right)^{0,7092},$$

d'où

$$(m_0 m_1 S) = 0^{m2},00032615;$$

(A) $$1869,74 = \frac{0,009830}{(m_0 m_1 S)} (75)^{0,7092},$$

d'où

$$(m_0 m_1 S) = 0^{m2},00011150;$$

c'est-à-dire que, même avec la loi (A), il faut supposer que
l'orifice admis était beaucoup *trop petit*. Si nous remarquons que la section réelle de notre orifice était à bien peu
près $0^{m^2},00004964$, et que le produit $(m_0 m_1)$ s'élevait à
$0,985$, c'est-à-dire presque à 1, nous conclurons qu'une
supposition de cette nature est tout simplement absurde.
Nous arriverions en effet à

$$(m_0 m_1) = \frac{0,00032615}{0,00004964} = 6,57,$$

$$(m_0 m_1) = \frac{0,0001115}{0,00004964} = 2,25,$$

ce qui est absolument impossible.

En résumé, on voit que les objections qui se présentent
d'abord à l'esprit ne sont pas valables et tombent devant
une discussion attentive des phénomènes. Ni la variabilité excessive, tout à fait hypothétique, des coefficients (m_0)
et (m_1), ni la chaleur qu'on peut supposer cédée par les parois au gaz pendant sa détente, ne peuvent expliquer la di-
vergence qui existe entre les résultats donnés par l'expérience et ceux que donnent les équations (A), (C),
(B) et (D).

Le résumé de ce travail expérimental, c'est que :

1° Ni la loi dite de Weisbach

$$(D) \quad W = (m_0 m_1 S) \left(\frac{P_1}{P_0}\right)^{\frac{c_v}{c_p}} \sqrt{2g E c_p 272,85 (1+at_0) \left[1 - \left(\frac{P_1}{P_0}\right)^{\frac{c_p - c_v}{c_p}}\right]},$$

ni la loi

$$(B) \quad W = (m_0 m_1 S) \left(\frac{P_1}{P_0}\right)^{\frac{c_v}{c_p}} \sqrt{2g \left(\frac{B_a}{\Delta_a}\right) (1+at_0) \left(\frac{P_1}{P_0}\right)^{\frac{c_p - c_v}{c_p}} \left[\left(\frac{P_0}{P_1}\right) - 1\right]},$$

ne donnent même approximativement le volume d'un gaz
qui s'écoule, par un orifice donné, d'un réservoir où la
pression est P_0 dans un autre où la pression est $P_1 < P_0$,
lorsque P_0 est beaucoup plus grand que P_1. L'une et l'autre
loi donnent au contraire des résultats très approximatifs,

je dirais, presque exacts, lorsque P_0 est très peu différent de P_1.

2° La loi de Weisbach, relative à la vitesse, ou

$$(C) \qquad V = (m_0)\sqrt{2gEc_pT\left[1 - \left(\frac{P_1}{P_0}\right)^\gamma\right]},$$

est complètement fausse, quand P_1 devient très petit, ou plus généralement quand le rapport $\left(\frac{P_1}{P_0}\right)$ devient très petit. La limite donnée par cette loi, pour $\left(\frac{P_1}{P_0}\right) = 0$, n'existe pas.

3° A ce point de vue, la loi

$$(A) \quad V = (m_0)\sqrt{2g\left(\frac{B_a}{\Delta_a}\right)(1 + at_0)\left(\frac{P_1}{P_0}\right)^\gamma\left[\left(\frac{P_0}{P_1}\right) - 1\right]}$$

est plus approximativement juste, en ce qu'on trouve

$$V = \infty \quad \text{pour} \quad P_1 = 0,$$

fait qui a été confirmé par l'expérience, du moins dans les limites où elle a été exécutée.

La vraie loi d'écoulement des gaz, pour n'importe quelle différence de charge $(P_0 - P_1)$, est donc encore inconnue. Cet énoncé, si décourageant au point de vue de l'Hydrodynamique, a lieu de nous étonner d'autant plus que la construction de l'équation (C) *semble* reposer sur les principes les plus rationnels, et que, pour le moment, on n'aperçoit point de vice dans cette construction, qui, avec quelques variations fort insignifiantes, a été suivie par plusieurs analystes de grand mérite.

Avec les données expérimentales auxquelles je suis parvenu, il m'eût été facile d'arriver à une loi empirique, traduisant approximativement les phénomènes. Dans l'état actuel de développement de nos Sciences physiques et mécaniques, de pareilles déterminations m'ont semblé absolument superflues.

Plusieurs conséquences importantes découlent des résultats auxquels nous venons d'arriver; je n'en signalerai qu'une en passant, me réservant de m'étendre sur ce sujet dans une autre publication.

Dans la théorie dite *cinétique*, admise à peu près généralement aujourd'hui, on considère les gaz comme constitués par des atomes (ou par des molécules, groupes d'atomes, ou par des particules, groupes de molécules) parfaitement élastiques, *indépendants* les uns des autres, animés d'un mouvement rectiligne et d'une vitesse qui dépend de la température ou pour mieux dire qui *constitue* la température. Ce sont les chocs de ces corpuscules contre les parois des réservoirs qui donnent lieu à la pression exercée en tous sens par les gaz, ete., etc. — Cette théorie est si connue, qu'il me suffit de l'esquisser ici pour être compris de tout le monde. — Voyons une de ses conséquences forcées.

Si nous supposons un gaz, de l'air atmosphérique sec, par exemple, renfermé dans un réservoir et soumis à une pression constante, et si nous mettons ce réservoir en rapport avec un autre où la raréfaction est complète, il est de toute évidence que la vitesse d'écoulement ne pourra être ni supérieure, ni inférieure à la vitesse spécifique des corpuscules gazeux à la température où se trouve le gaz. Pour l'air atmosphérique à 0°, la vitesse théorique est de 485^m par seconde. Telle devrait donc être aussi la vitesse que prend le gaz en se précipitant dans le vide. Nous voyons que ce résultat est complètement controuvé, réfuté par l'expérience, puisque, pour des contre-pressions encore fort notables, nous avons déjà eu des vitesses de 6000^m. Nous voyons, en un mot, que la théorie moderne des gaz reçoit un démenti formel de l'expérience.

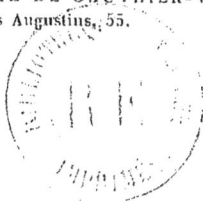

PARIS. — IMPRIMERIE DE GAUTHIER-VILLARS,
11773   Quai des Augustins, 55.

Pl. I

Recherches expérimentales sur la limite de la vitesse que prend un gaz, quand il passe d'une pression à une autre plus faible

par M.r G. A. Hirn

Gauthier-Villars, Éditeur, Paris

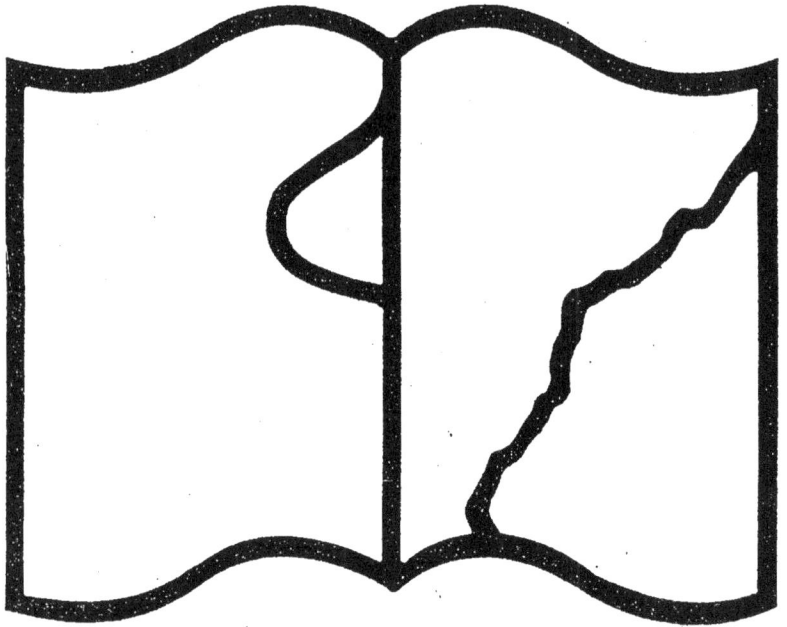

Texte détérioré — reliure défectueuse

NF Z 43-120-11

www.ingramcontent.com/pod-product-compliance
Lightning Source LLC
Chambersburg PA
CBHW071247200326
41521CB00009B/1660